地域資源を活かす
生活工芸双書

田端雅進　橋田光 監修
船田良　渡辺敦史 ほか 著

漆《うるし》

2
植物特性と最新植栽技術

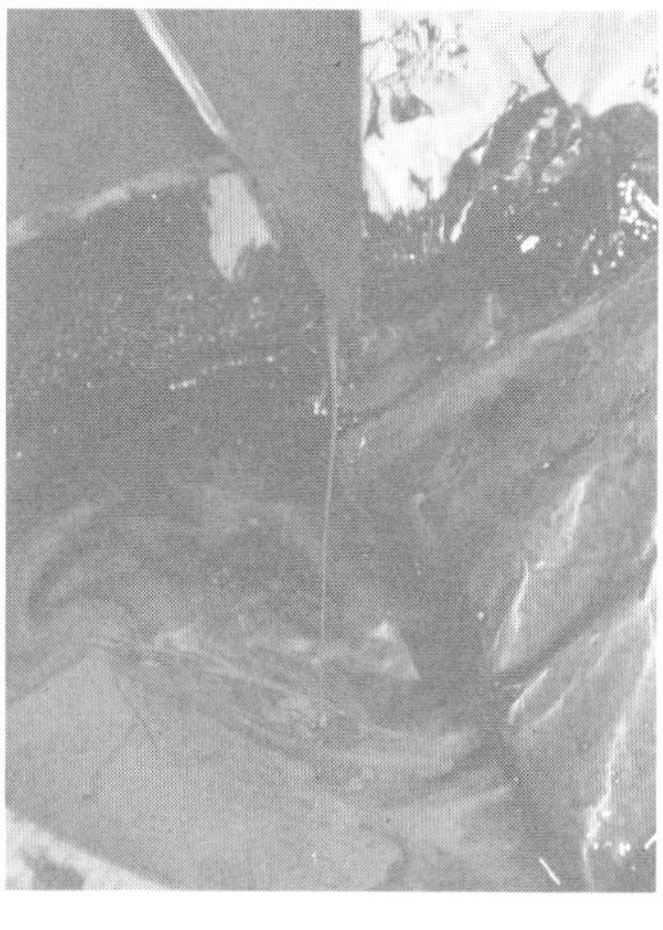

農文協

ウルシ樹幹の構造

樹幹の断面。樹木は樹冠、樹幹、根からなる。樹冠で生産された光合成同化産物や根から吸収された水・栄養塩類などを運び、デンプンなどを貯蔵するのが樹幹の役割の一つ。

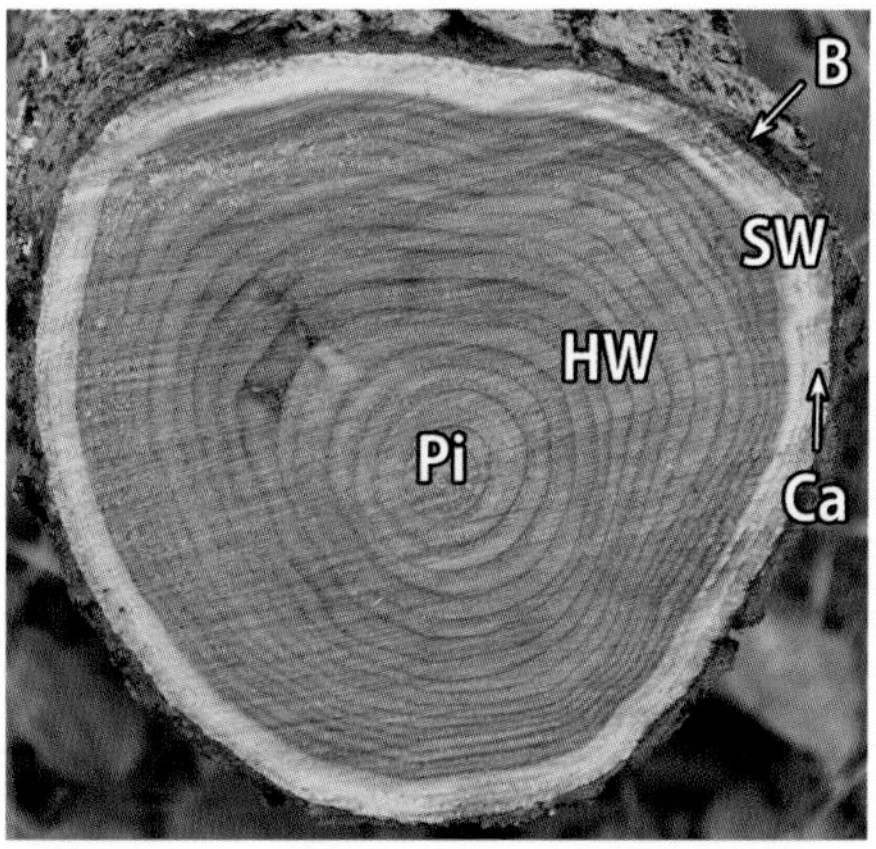

B=樹皮
Ca=形成層
SW=辺材
HW=心材
Pi=髄

●樹幹の中心から髄、一次木部、二次木部、形成層、二次師部、周皮で構成される。髄から二次木部内側の着色した部分は心材、二次木部外側の白っぽい部分は辺材、二次師部から周皮の最も内側部分は内樹皮、内樹皮より外側の周皮は外樹皮と呼ばれる。(写真:田端雅進)

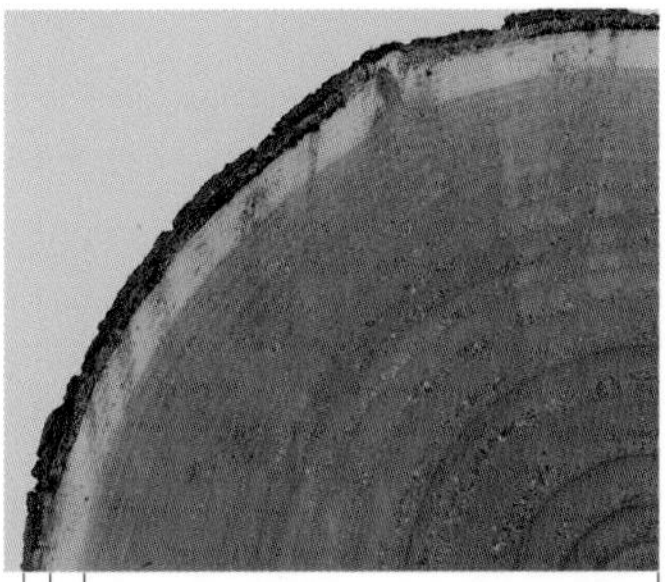

樹皮10% 辺材10～20% 心材70～80%

●**樹幹の構成比**
重量比で樹皮10%、辺材10～25%、心材70～80%。心材の鮮やかな黄色はポリフェノール成分で、抽出して染料にできる

組織レベル

●ウルシの内樹皮の光学顕微鏡像(木口面)

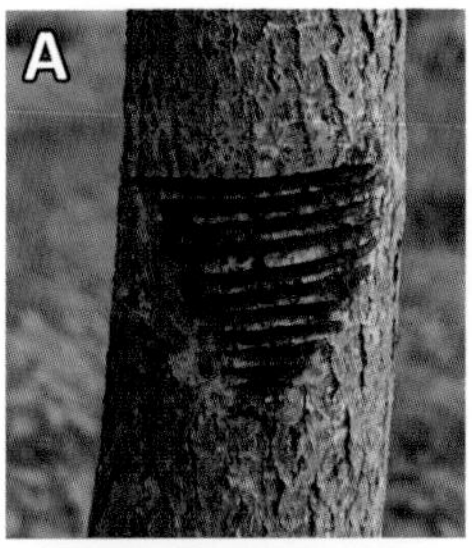

●漆滲出量の少ないウルシ

●漆滲出量の多いウルシ
(写真:田端雅進)

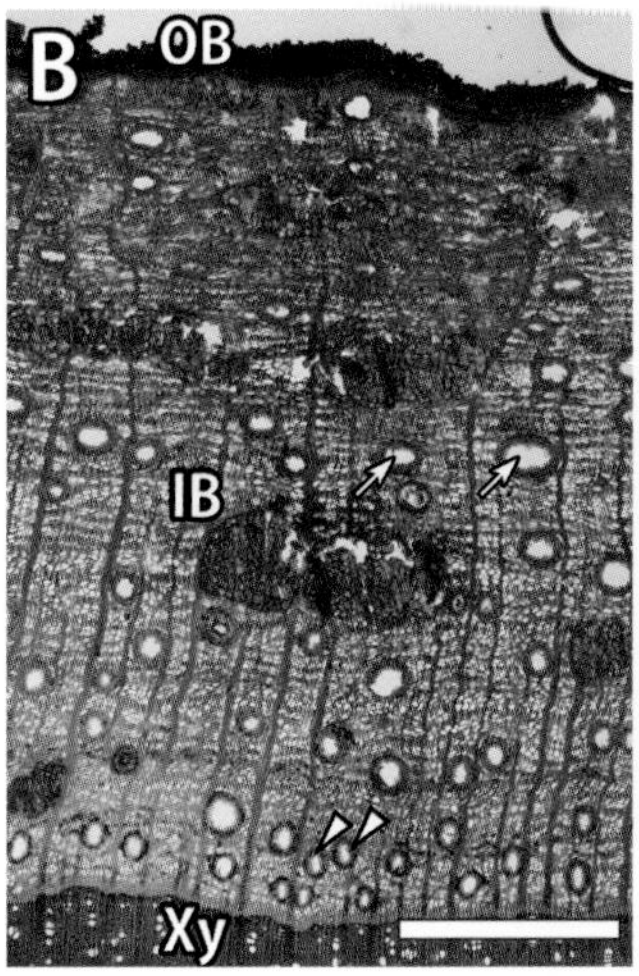

●樹幹が傷つくと傷害樹脂道(矢頭)ができる。漆滲出量の多いウルシ(B)の師部には滲出量の少ないウルシ(A)に比べ、傷害樹脂道の径が大きく、その数も多い

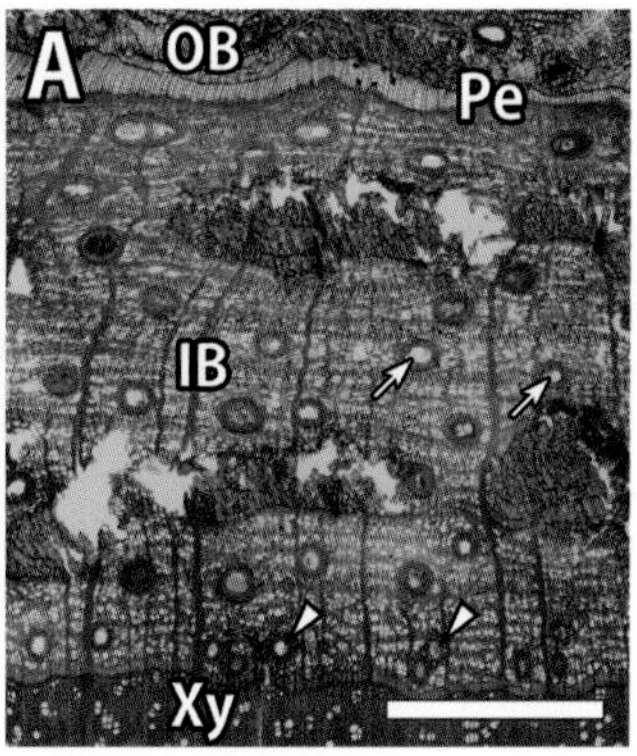

A=漆滲出量の少ないウルシ
B=漆滲出量の多いウルシ
矢印=正常樹脂道
矢頭=傷害樹脂道
OB=外樹皮
Pe=周皮
IB=内樹皮
Xy=木部
スケール:1mm
(写真:保坂路人)
(船田ら2019))

●二次木部、二次師部を生み出し樹幹を太くする(水平方向に肥大させる)形成層(Ca)付近。樹脂を分泌するエピセリウム細胞も見える

A=形成層付近の内樹皮に師管要素、伴細胞、師部柔細胞、師部放射柔細胞、エピセリウム細胞、樹脂道、が認められる
B=形成層付近の内樹皮に接線状に連続した樹脂道が認められる
C=伴細胞
Ca=形成層
Ep=エピセリウム細胞
PF=師部繊維
Pa=師部柔細胞
PR=師部放射柔細胞
RC=樹脂道
S=師管要素

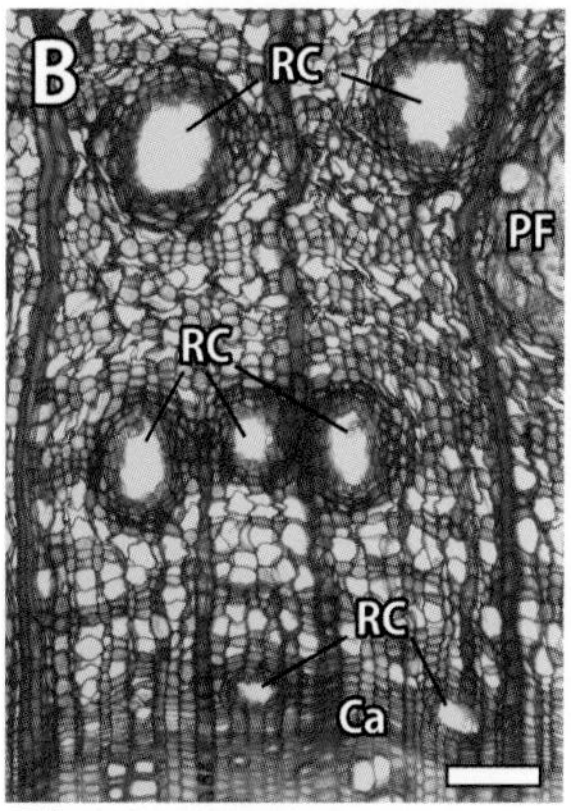

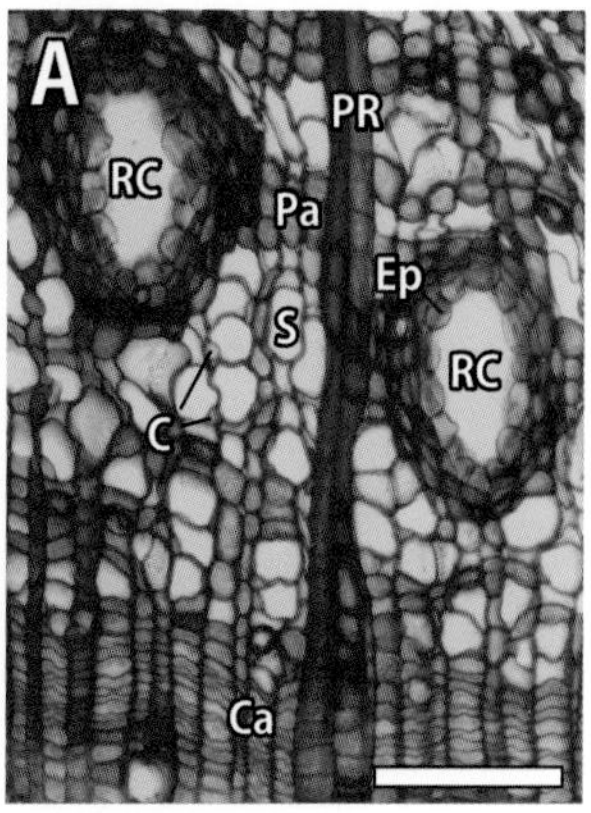

スケール:100μm
(写真:保坂路人・Hasnat Rahman・山岸祐介)(船田ら2019)

苗の育成（1）

実生苗の場合

新たに植栽してウルシ林を造成するには、種子由来の実生苗と分根由来の分根苗で育てる方法がある。

●ウルシ果実の着果量は隔年で推移する

●豊作の秋に滲出量の多いウルシの果実

●充分に乾燥した果実の果皮を除去した種子

●濃硫酸に浸漬しで種子の周りのロウを除去する

●濃硫酸処理後水洗いした種子をネットに入れ、玄関に置く泥落としなどを使って磨く

●磨いたあと10日ほど水に浸した種子

●実生苗

●仮植した実生苗

苗の育成(2)

分根苗での育苗

●漆滲出量の多い母樹

分根による苗は、成長が早く、そろった苗が得られるが、母樹から採取できる本数は限定される。

●分根の採取

●採取した分根苗

●2年間育成した分根苗

伐採後の萌芽更新

●伐採後の株や成木周辺から

ウルシは伐り株や土中の根からの萌芽を利用して増殖が可能である。伐り株から発生する幹萌芽、土中の根から発生する根萌芽がある。

●幹萌芽

●根萌芽

●根萌芽発生後1年経過した植栽地

植栽・保育管理

●平均胸高直径と適正立木本数の関係

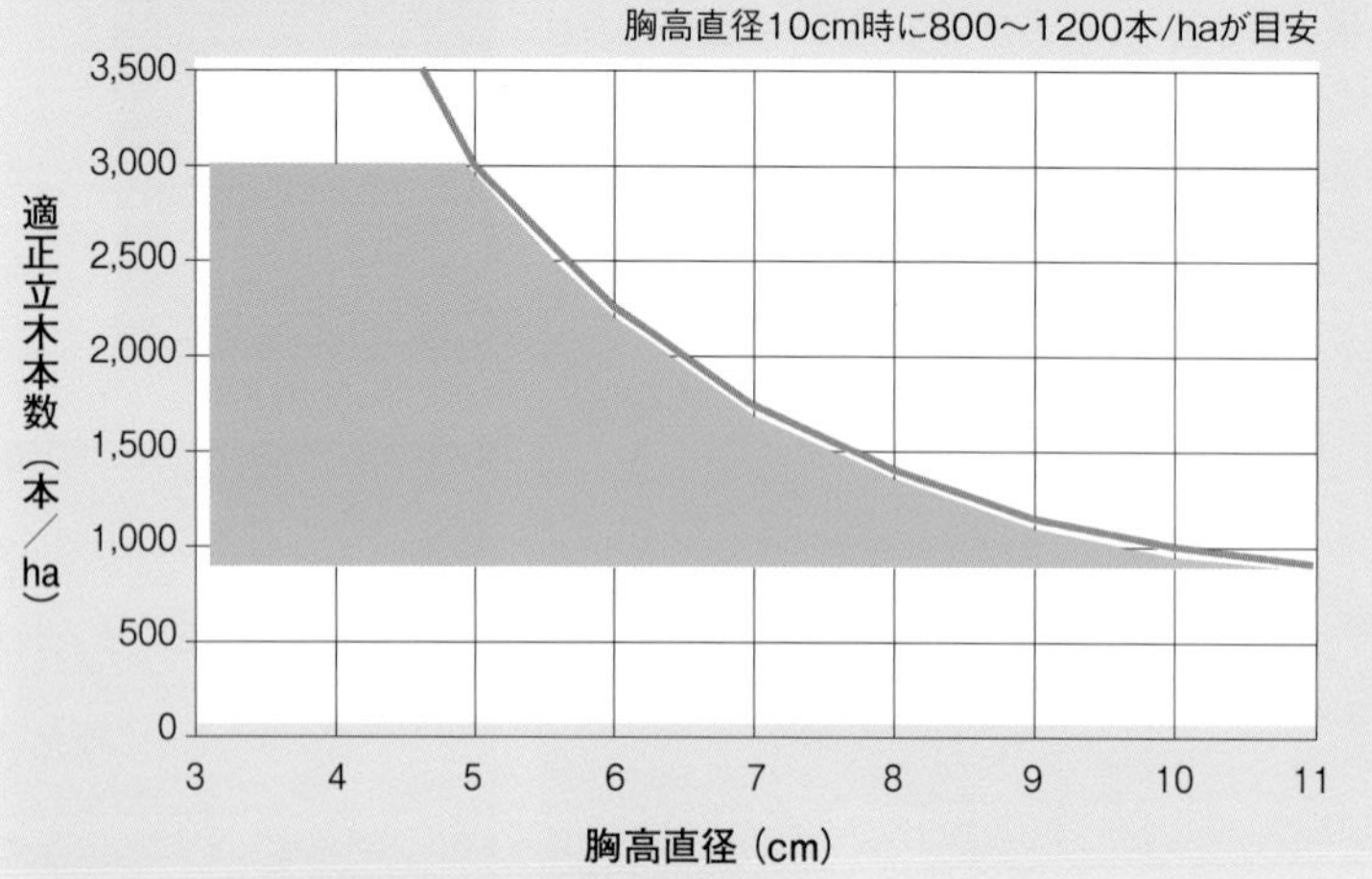

●**植付け作業**。完熟堆肥や苦土石灰を事前に施用。追肥は化成肥料と油粕

●**下刈り作業**。植栽後3年目くらいまでの大事な作業。下刈りの効率化はウルシ林経営上も大事なポイント

●**栽培不適地の例―排水不良**。植栽適地は、土壌養分に富み、やわらかい土が30cm以上と深く、排水良好だが過乾燥にならない土壌

●**つる植物による被害**。植栽後数年以降は特に注意したい。ミツバアケビが巻きついたウルシ

●ササ類によるウルシへの成育阻害

●透水・排水性の悪い土壌での梢端枯れや枯死

病・獣害

病　害

白紋羽病が発生した場所に植栽する場合、土壌の入れ替えが必要となる。胴枯病は、地際部が罹病してもその上に再萌芽がみられることがある。うどんこ病は、苗だけでなく、果実生産に影響する。集団枯死を起こす疫病は、水はけの悪い土壌で発生しやすい。うどんこ病や疫病は、有効な農薬登録が求められる。

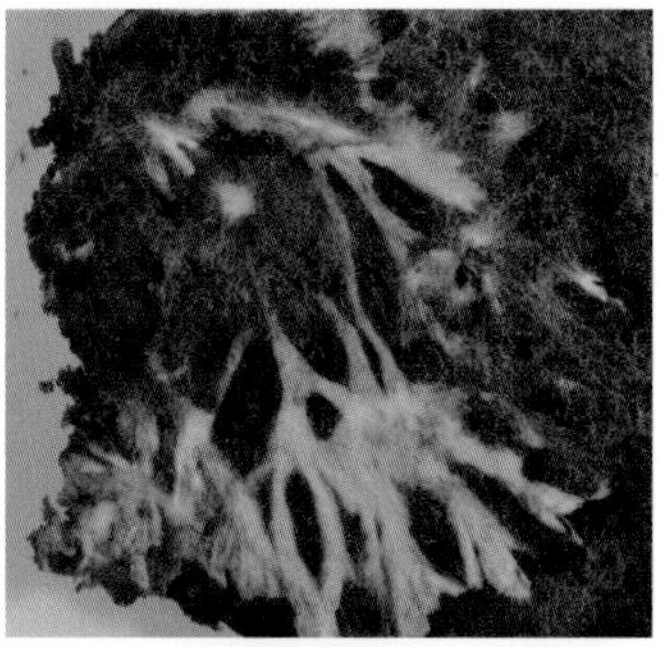

●白紋羽病菌の扇状菌糸束

●果実生産に影響するうどんこ病。罹病した果実

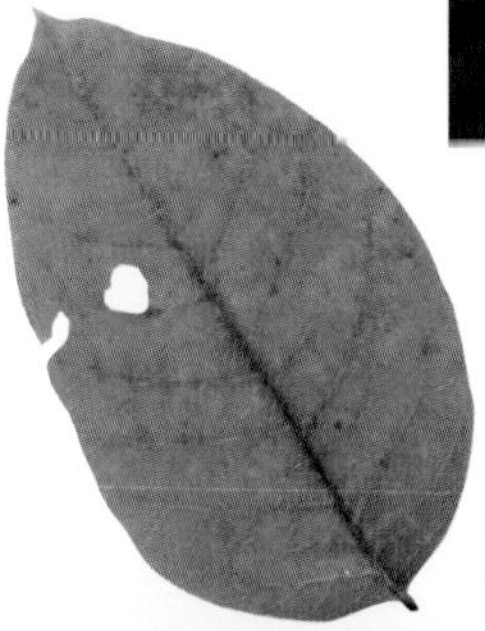

●うどんこ病罹病葉

●根を侵す**白紋羽病**。黄化・萎凋したウルシ

●枝や幹に発生する**胴枯病**。幹が罹病して壊死し、周辺を巻き込んだ癌腫の症状がみられる

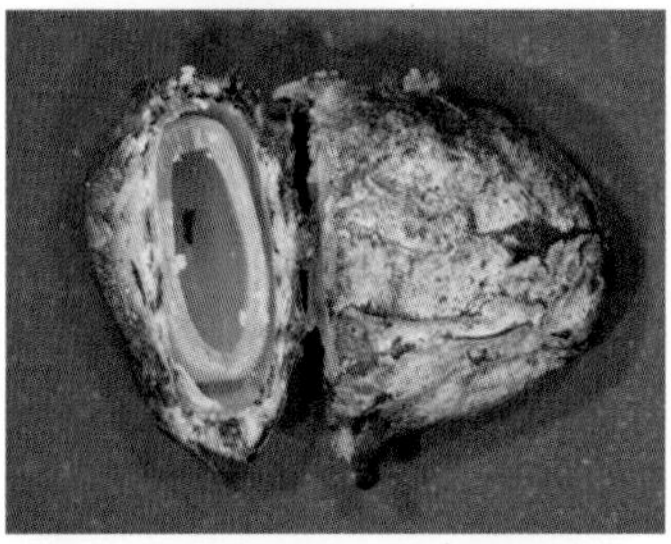

●**うどんこ病**。空洞になった罹病果実

●集団枯死を引き起こす**疫病**

●胴枯病。幹の樹皮上にみられる病原菌の分生子塊

獣　害

シカやクマによる枝葉の食害、剥皮害は漆産出量の減少や枯死をまねく

●ニホンジカによる剥皮

●ツキノワグマによる剥皮

●ツキノワグマによる漆掻き木の剥皮

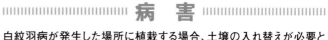

（木下稔夫作画を改編、写真：田端雅進、木下稔夫、宮腰哲雄、新谷茂）

持続可能な資源「ウルシ」利用

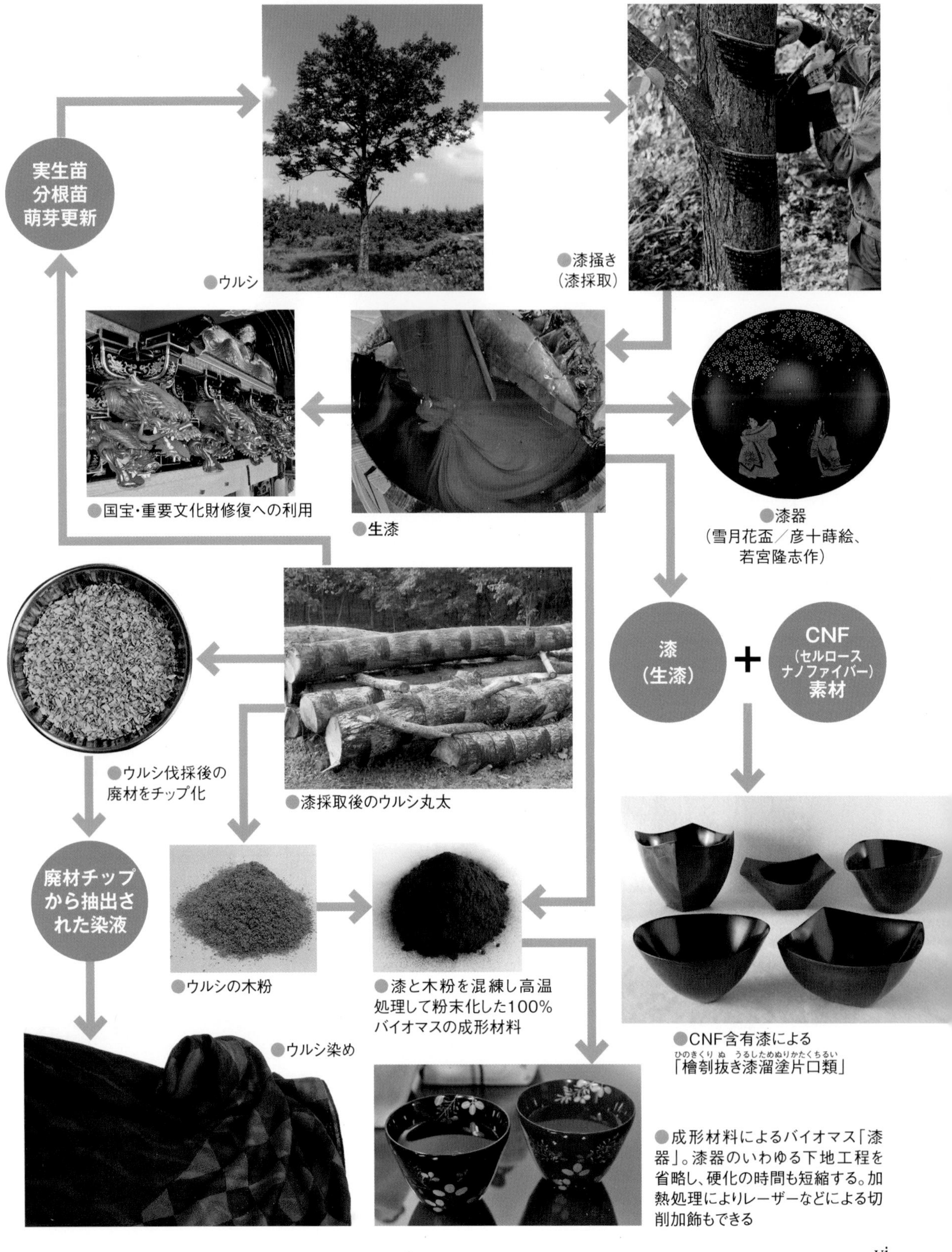

●ウルシ
●漆掻き
（漆採取）
●国宝・重要文化財修復への利用
●生漆
●漆器
（雪月花盃／彦十蒔絵、
若宮隆志作）

●ウルシ伐採後の
廃材をチップ化
●漆採取後のウルシ丸太

●ウルシの木粉
●漆と木粉を混練し高温
処理して粉末化した100%
バイオマスの成形材料
●CNF含有漆による
「檜剥《ひのきくり》抜《ぬ》き漆溜塗《うるしためぬり》片口類《かたくちるい》」
●ウルシ染め
●成形材料によるバイオマス「漆器」。漆器のいわゆる下地工程を省略し、硬化の時間も短縮する。加熱処理によりレーザーなどによる切削加飾もできる

材の利用 — ウルシ染め(1)

天然染料の耐光堅牢度を比較する

ウルシ染めは光による褪色に比較的強い

◉耐光堅牢度
×：染まらない
△：染まるが弱い
○：堅牢度が良い
◎：堅牢度がとても良い

- 天然染料の染色結果（複数の試験結果と日常使用の褪色を加味）
- 新谷工芸における基本工程（絹は媒染＋染＋媒染＋染、木綿はこれに、後媒染が加わる）の結果を表にした。染め重ねで改善される場合もある
- 繊維の状態や染料濃度、染色時間、媒染濃度など染色条件によって結果は変わる場合もある

天然染料	部位	布	酢酸アルミ	酢酸銅	木酢酸鉄液
タマネギ	外皮	絹	△3級未満	○3級	○3級
		綿	△3級未満	△3級未満	△3級未満
コガネバナ	根	絹	○3級	○3級	○3級
		綿	×3級未満	×3級未満	×3級未満
ウルシ	幹	絹	△渋色は3級	◎3級～3級以上	◎3級～3級以上
		綿	△渋色は3級	○3級	○3級～
アカネ	根	絹	△染め重ねが必要	○3級	○3級
		綿	△染め重ねが必要	△染め重ねが必要	△染め重ねが必要
ラックダイ	虫	絹	△3級未満	○3級	◎3級～
		綿	△3級未満	×3級未満	○3級
ヤシャブシ	実	絹	△3級未満	○3級	◎3級～5級
		綿	×3級未満	△3級未満	○3級

（新谷茂　作成）

ウルシ染め（加熱浸染の方法）下準備

漆採取後の廃材から染液を抽出する　＊新谷工芸で行なっている方法

（図・写真：新谷茂、＊は橋田光）

●染め液抽出の手順

ウルシ材
↓
心材をチップ加工
↓
抽　出
↓
加　熱
80℃以上で 30 分間
↓
4 回抽出
↓
染　液

◉伐採後3年経過した材を使用
- かぶれる漆液が出ないことを確認する
- 丸太の外皮をナタなどで取り除く
- 木材シュレッダーや木工旋盤などで細かくする
- 黄色い心材だけを使うと良い

◉繊維1gに対してチップ1gを使用の目途にする
（例）チップ200gに水4000cc程度～

●pH7(中性水) ●pH4(酢酸添加) ●pH9(炭酸ナトリウム添加)	◉ウルシ染めの特徴 ●3種類の水で抽出できる ●多彩な色あいを染める

- 常温から加熱し水が減ったら追加して4ℓ抽出
- チップを布袋に入れても良いし布濾しをしても良い
- 同じチップを使い新たな水で抽出
- 同じように合計4回抽出（4～8回程可能）
- 4000ccを4回抽出→液を合計して16ℓ

●伐採後3年を経た廃材＊

●チップ化

●廃材から抽出された染め液
左はpH9、右はpH4での抽出

●チップを煮立てて染め液を抽出する。80℃以上30分加熱＊

●チップとなった廃材　染める繊維1gにチップ1gを目安に使用量を決める

ウルシ染め(2)

●ウルシ染めの方法（加熱浸染め）＊新谷工芸で行なっている方法

白い絹布または綿布
↓ 水洗い
① 媒染1回目／常温で20分間
↓ 水洗い
② 染め1回目／80℃以上で30分間
↓ 水洗い
③ 媒染2回目／常温で20分間
↓ 水洗い
④ 染め2回目／80℃以上で30分間
↓ 中性洗剤
乾　燥

●染めに使用する鍋は錆の出ないステンレスボウル
◉**繊維の重さの40〜50倍量の水を準備して媒染液にする**
●酢酸アルミ（粉末）は絹布の重さの５％（薄色）〜（濃色）15％量
●酢酸銅（粉末）は絹布の重さの５％（薄色）〜（濃色）15％量
●木酢酸鉄（液体）は絹布の重さの10％（薄色）〜（濃色）40％量
※綿布の媒染剤は上記の絹布の各２倍の濃度で使用する
◉**染液は繊維の重さの40倍以上の量を使用**
①媒染液に布を浸す→常温で20分間
●布を常に上下に動かしてムラなく染める

②ウルシ染め液に布を浸す→常温から布を入れて80℃以上で30分間
●布を常に上下に動かしてムラなく染める

③媒染液①の残液に布を浸す→常温で20分間
●布を常に上下に動かしてムラなく染める

④ウルシ染め液②の残液に常温から布を入れて80℃以上で30分間
●布を常に上下に動かしてムラなく染める
◉**①〜④を基本の染め方として、染める色の濃淡は染液の濃度と染め重ねの回数で変える**
●木綿は④の後に残液で、媒染を重ねると発色することが多い
●最後は中性洗剤で洗って水ですすぎ洗い
●陰干しで乾燥し暗所で保存、蛍光灯や直射日光は不可
●脱水機とアイロンは使用可、乾燥機は使用不可

●ウルシ抽出液による重ね染めの色見本

❶絹にウルシのアルミ媒染　耐光堅牢度は弱
❷下地❶＋ウルシ鉄媒染で抹茶色　耐光堅牢度は強くなる
❸チタン媒染のベージュ色　耐光堅牢度は弱
❹下地❸＋ウルシ銅媒染の染め重ね
❺アカネのアルミ媒染＋ウルシ鉄媒染重ね
❻アカネのアルミ媒染＋ウルシとヤシャブシ鉄媒染重ね
❼ゴバイシ鉄媒染
❽ゴバイシ鉄媒染＋ウルシとヤシャブシ鉄媒染重ね

●ウルシによる染布作品

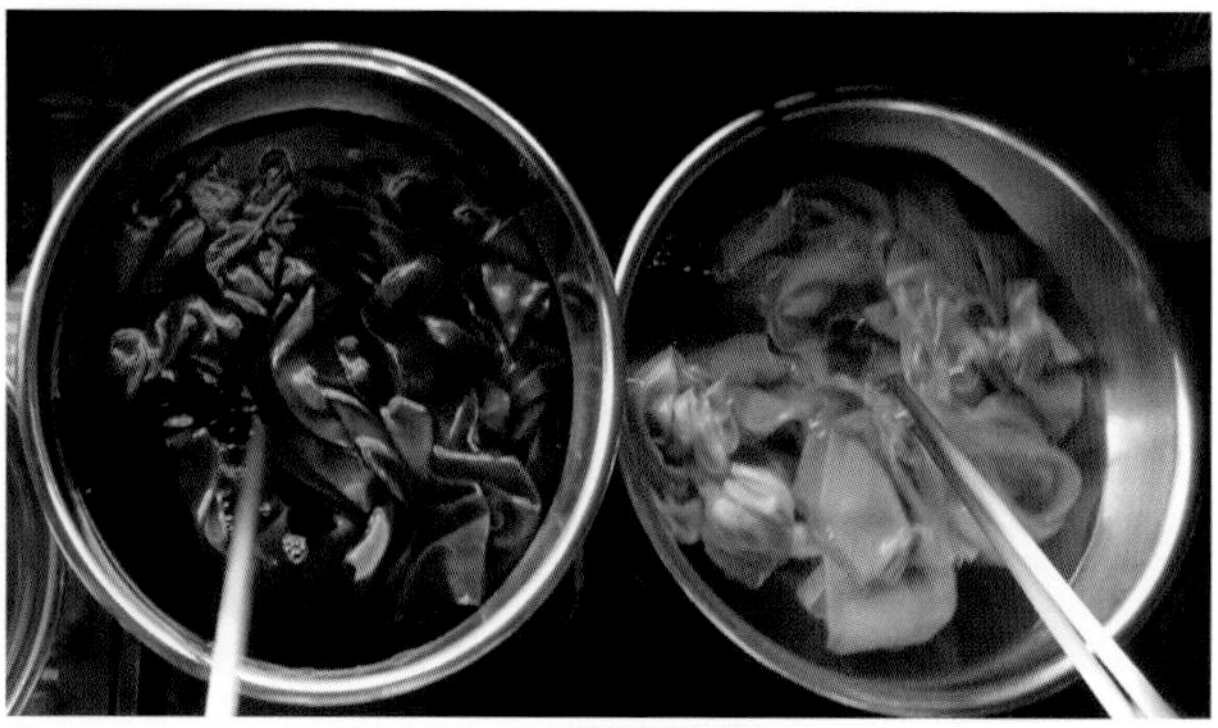
●ウルシ染め　銅媒染（左）アルミ媒染（右）

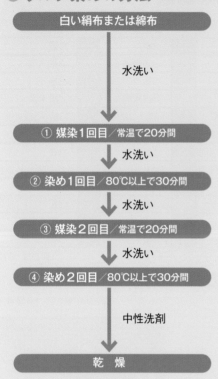

はじめに

ウルシ（*Toxicodendron vernicifluum*）は、日本、中国および韓国に分布しており、その幹に傷を付けて採取される樹脂を含む木部樹液が「漆」である。漆は縄文時代から漆製品に使われ、日本人の精神文化の形成に深く影響している。国産漆はこれまで塗料や接着剤として器物、武具、馬具、刀剣、国宝・重要文化財建造物などの保存・修復など日本の伝統文化の維持に貢献してきたが、昨今伝統文化を支える国産漆の供給が危機的状況にある。現在、日本で生産されている漆は1.5ｔ余りとなっている。その結果、国内で使用される漆の約95％を中国産が占め、国産漆は残り５％程度にすぎない。

２００７年より始まった日光東照宮の保存・修復により、国産漆生産全体の４割が使用され始めた。その後、国産漆増産に向けて２０１０年度から新たな農林水産政策を推進する実用技術開発事業（課題名：地域活性化を目指した国産ウルシの持続的管理・生産技術の開発）がスタートした。この事業ではウルシ林の育成・管理等技術開発に関する研究を行ない、ウルシ林の植栽適地、漆滲出《しんしゅつ》量に関わる優良個体選抜および新病害の白紋羽病被害などについて研究成果を発表し、情報共有を図ってきた。

一方、これまで国宝・重要文化財建造物の保存・修復において、国産漆と中国産漆を混合して使用してきたが、国においては２０１９年以降、原則として下地を含め国産漆のみを用いた国宝・重要文化財建造物の保存・修復を進める方向で取り組んでいる。そのため、今後深刻な国産漆の供給不足が懸念されており、安定的な需給体制を確立する必要性が高まっている。このような現状から国産漆100%化に向けたウルシ林の植栽適地、遺伝的多様性および新たな病気に関する研究が求められている。

ウルシの幹に傷を付けて漆を採取することを「漆掻き」と呼ぶ。漆を「掻く」とは、ウルシの幹に一文字に傷を付けた際に、樹体がその傷を治癒するために分泌する漆を掻き採って採取する作業である。幹に対する傷は、直径15㎝程度の木なら右側に5か所、右側の傷と互い違いになるように左側も4か所か5か所付ける。このような傷は、ウルシにとって樹体を弱らせる要因であり、私の観察したところ、傷の付け方や時期により木を枯らすことがある。そのため、漆掻きをする際には植栽地に生育しているウルシの健全性を保ち、できるだけ漆掻きする木には負荷をかけないことが良質で多量な漆を採取するために不可欠である。ウルシの健全性には、植栽地の土壌が密接に関係し、良質で多量な漆生産にはウルシに発生する病気、例えば、白紋羽病や疫病の侵入や定着を防ぐことのほか、ウルシ林の遺伝的多様性を保全し、漆滲出量が多いクローンや系統を植栽することが重要と考えられる。

私のみたところ、ウルシ林の造成・管理はウルシ生産者の経験に依存しているが、これまでウルシ林の造成・管理技術について検証された研究は少なく、具体的な調査データや知見の蓄積も十分でない。したがって、今後、国産漆資源の安定的増産を目指すためには、ウルシ林の造成・管理に関する調査データや知見を蓄積し、植栽地の選定や植栽木の育成・管理などに活用していくことが肝要である。

しかし、いまだにわれわれはそれらの多くについて科学的根拠となる十分なデータを持ち合わせていない。これに対し、2016年度からは農林水産業・食品産業科学技術研究推進事業(現・イノベーション創出強化研究推進事業、課題名:日本の漆文化を継承する国産漆の増産、改質・利用技術の開発)が新たにスタートし、国産漆の増産・利用に関する研究を行なってきた。このような背景の中、日本に現存するウルシ林の遺伝的多様性、漆滲出量に関わるクローン樹皮の組織構造、植栽適地の土壌特性、植栽地や萌芽更新地で漆生産を阻害する疫病や胴枯病、ウルシ林の造成・管理のための収益性などの研究成果を集め、漆の生産者、精製者および使用者などでこれまでの成果と今後の課題について情報共有を図ってきた。

本書では、日本の漆文化の継承と発展のために、これまでに得られた研究成果からウルシの形態と機能、栽培、経営、漆やウルシ材および成分の利用などについて、一般の方にも分りやすいようにまとめた。本書が、漆の魅力とウルシおよび漆研究の礎の一つになれば幸いである。

＊なお、本書では、植物の樹木としては「ウルシ」、ウルシから採取された樹脂を含む木部樹液および工芸文化は「漆」と表記する。

執筆者を代表して　田端雅進

２０２０年３月

生活工芸双書　漆《うるし》 2……………目次

5章 材としてのウルシの特性と利用 …… 97

漆 2

1章 ウルシの形態と機能

ウルシの特徴および漆の生産

●ウルシの一年

ウルシは4～5月に展葉する。葉は奇数羽状複葉で、9～15枚の小葉からなる。展葉した葉柄には短軟毛がみられる。ウルシは雌雄異株で、5～6月に葉柄から長さ10～15㎝の円錐花序を伸ばし、1つの花序に数百の花をつける。開花は地域によって異なるが、花は5月下旬～7月上旬に咲き、雄花は黄色で、雄しべが長い一方、雌しべは非常に短くなっている。雌花は白色で、雄しべが短く、花粉の入った葯も退化している一方、雌しべは太く突き出ている。果実は7月上旬～下旬に形成しはじめ、10月下旬～11月に成熟し、扁平で楕円形～腎形で、中に6×4㎜程度の扁平なだるま型の種子が1つあり、ロウ状の膜、淡黄色の厚い果皮に包まれている。果実は鳥類のエサとなることによって散布されるといわれている。黄

ウルシの1年

実生苗の発芽展葉（5月）

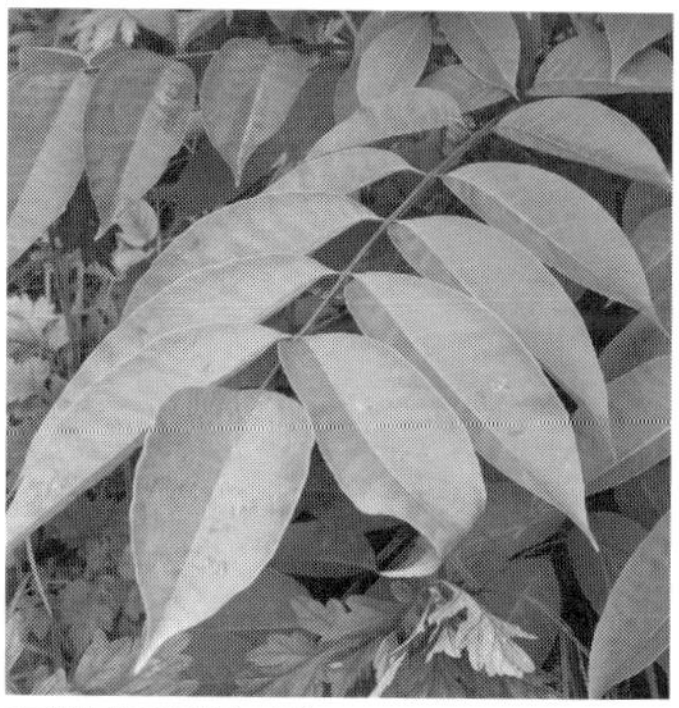
奇数羽状複葉（6月）

雄花（6月）

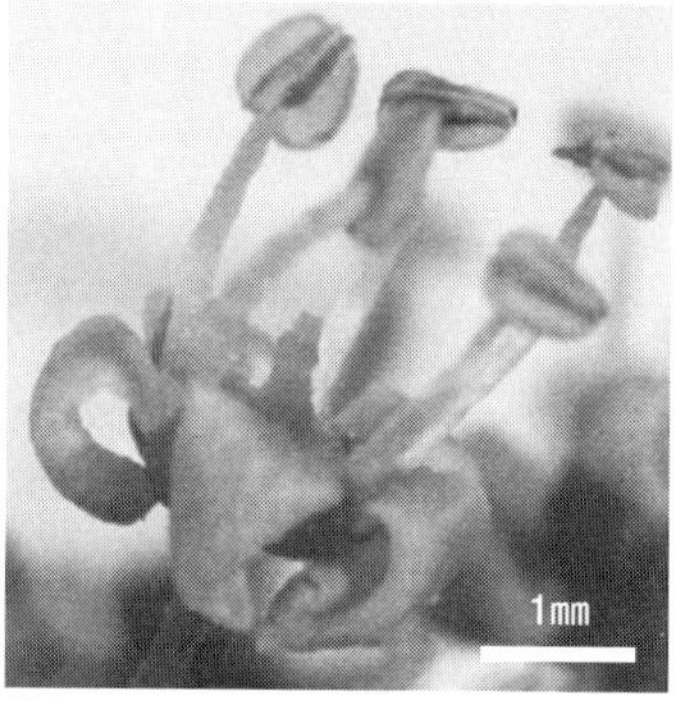

拡大した雄花

雌花（6月）

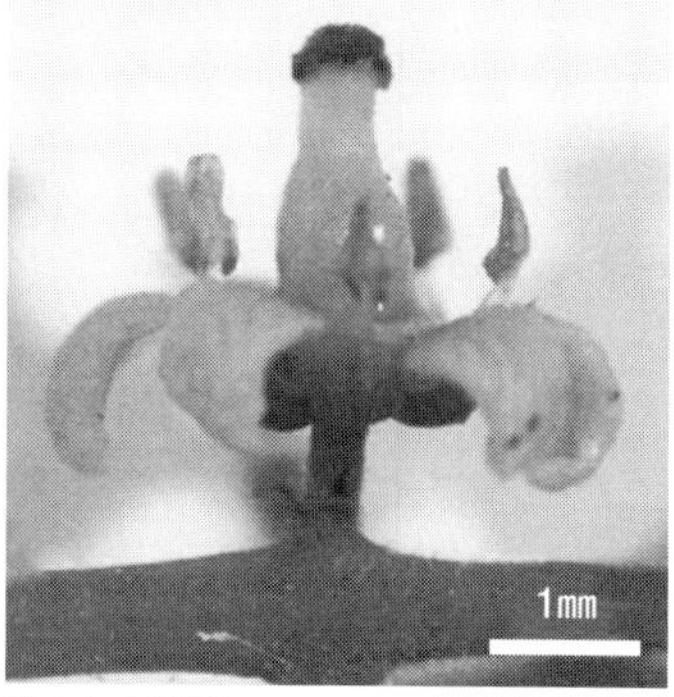

拡大した雌花

未熟果実（7月）

成熟果実（11月）

〜紅葉が9〜11月にみられ、その後落葉する。

●傷害に対する反応と萌芽力

ウルシの幹が漆掻きの道具であるカンナとメサシで傷付けられると、形成層の内側にある辺材の一部まで傷が付くため、内樹皮の正常樹脂道と傷害樹脂道(「樹皮の組織構造」の項目を参照)で形成された樹脂と一緒に辺材の木部樹液が流出する。このように流出した樹脂を含む木部樹液が「漆」である。漆の樹脂には多くの抗菌性物質が含まれているため、菌類などの繁殖を抑制する働きがあると考えられている。一方、樹脂は空気に触れると、揮発性物質が蒸発して粘性を増した後、固化する。幹に傷が付いた場合、傷口から樹脂を流出し固化することで、菌類や昆虫などの侵入を防ぐと考えられる。

ウルシは浅根性であり、ミズナラやニセアカシアなどと同様、強い萌芽力を持ち(「萌芽更新」の項目を参照)、日当たりのよい場所を好む陽樹で、植生遷移で最初に発生するパイオニア的な樹種であると考えられている。また、ウルシは成長が早いが、他の樹種に比べて開葉が遅く、黄〜紅葉や落葉が早いのが特徴である。(1)

黄葉（11月）

●漆の採取および生産

ウルシから漆を採取することを「漆掻き」と呼ぶ。漆を「掻く」とは、ウルシの幹に一文字に傷を付けた際に、樹体がその傷を

流出した漆、幹および樹皮

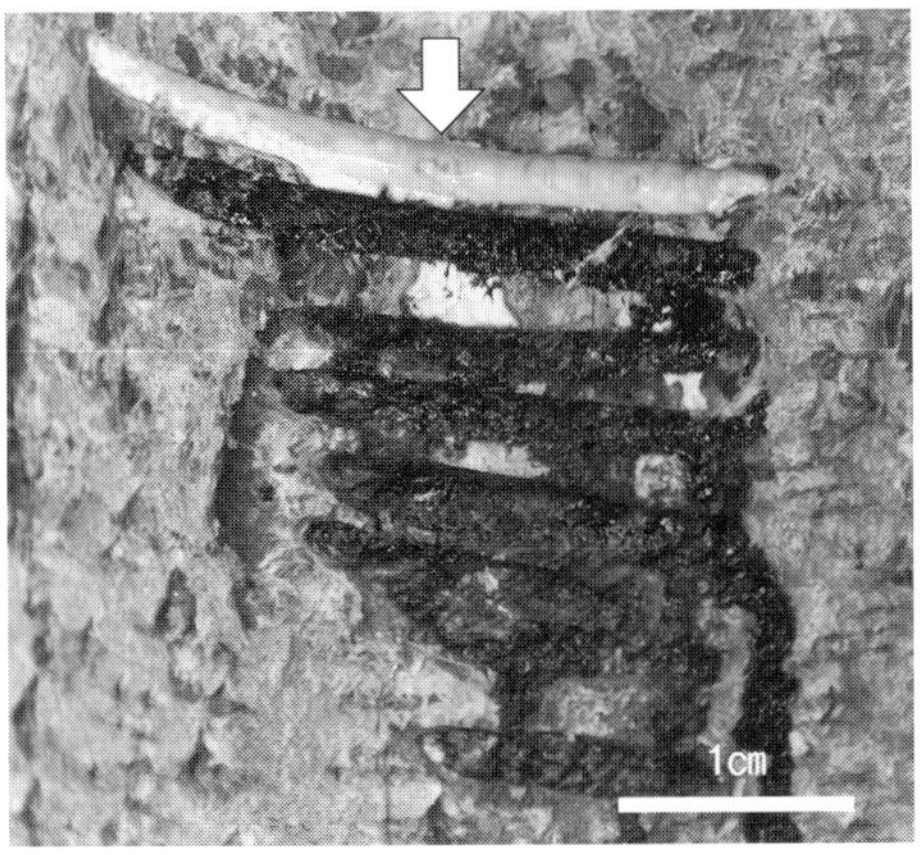

白く流れ出た漆（矢印）

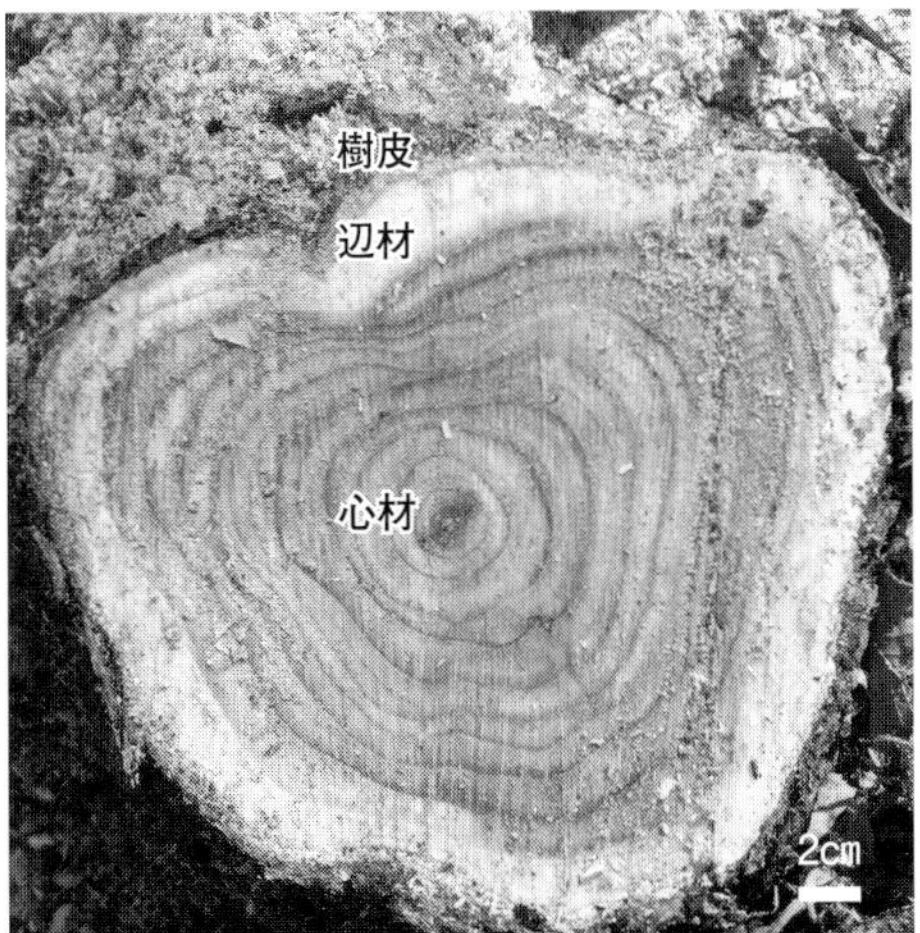

幹の横断面

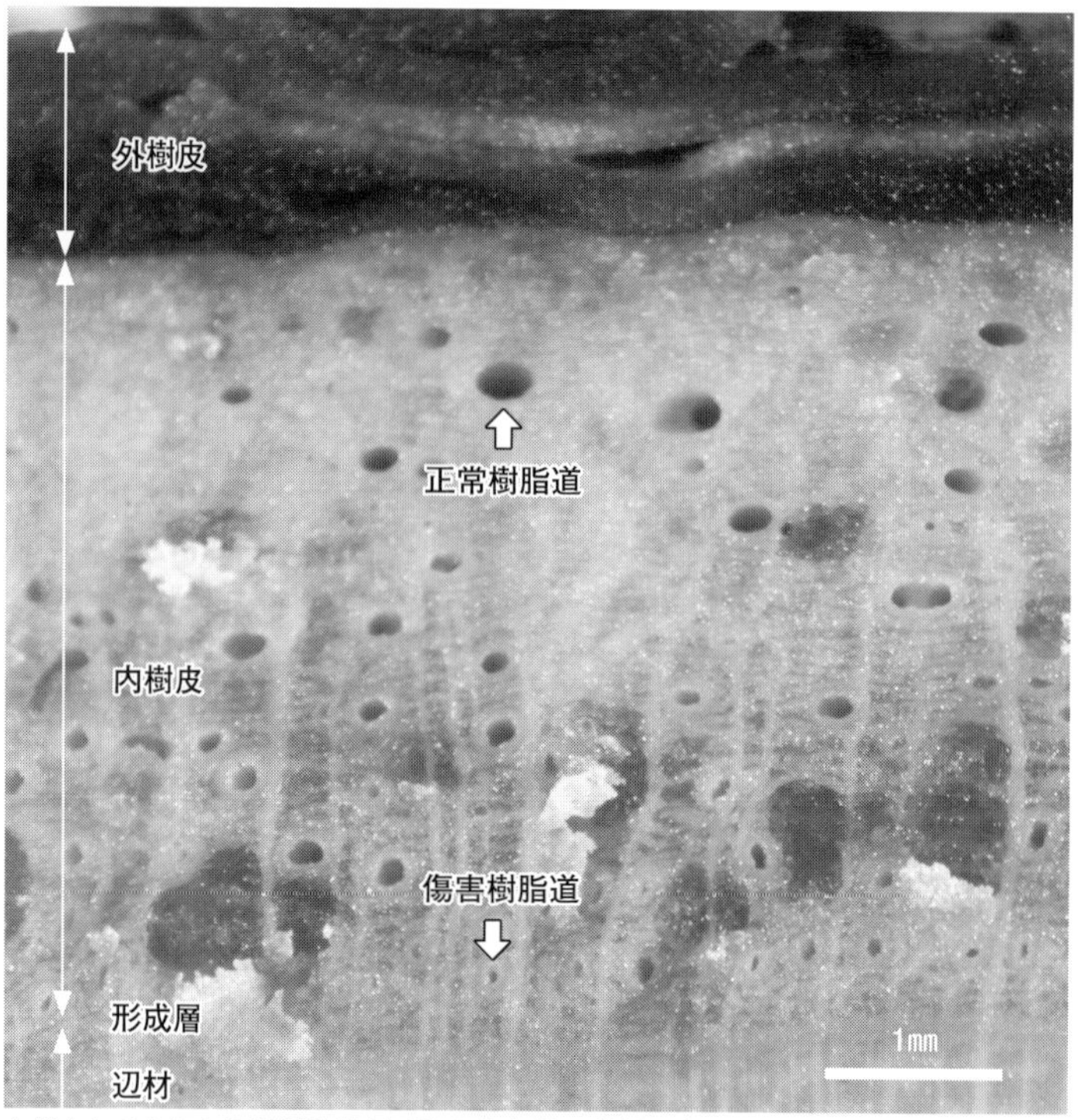

内樹皮にみられた正常樹脂道（矢印）と傷害樹脂道（矢印）

治癒するために分泌する漆を、掻き採って採取する作業である。幹に対する傷は、直径15㎝程度の木なら右側に5か所、右側の傷と互い違いになるように左側も4か所か5か所付ける。このような傷はウルシにとって樹体を弱らせる要因であり、筆者の観察によると、傷の付け方や時期により木を枯らすことがある。そのため、漆掻きをする際には植栽地に生育しているウルシの健全性を保ち、漆掻きする木に負荷をできるだけかけないことが肝要であり、これは良質で多量の漆を採取するためには不可欠である。ウルシの健全性を維持し、良質で多量の漆を生産するには植栽地の土壌、ウルシに発生する病気、例えば、白紋羽病《しろもんぱびょう》（「白紋羽病」の項目を参照）や*Phytophthora cinnamomi*（ファイトフトラ・シンナモミ）による疫病《えきびょう》（「疫病」の項目を参照）のほか、ウルシ林の遺伝的多様性および漆滲出量が異なるクローンの樹皮組織（「樹皮の組織構造」の項目を参照）などが関係すると考えられる。国産漆の増産にはそれらの点を考慮し、ウルシ林の造成・管理が求められる。

漆掻きにより傷付けられたウルシ

　ウルシは北海道から大分県日田市まで分布し、漆採取のため、北海道では網走市、本州では北から青森県弘前市、八戸市、岩手県二戸市、八幡平《はちまんたい》市、平泉町、秋田県湯沢市、山形県真室川町、長井市、福島県会津若松市、喜多方市、新潟県村上市、茨城県大子《だいご》町、常陸大宮《ひたちおおみや》市、群馬県上野村、石川県輪島市、加賀市、長野県長野市、松本市、木曽町、岐阜県飛騨市神岡町、京都府福知山市、奈良県曽爾《そに》村、岡山県真庭《まにわ》市、新見《にいみ》市、広島県

図　日本のウルシ植栽地

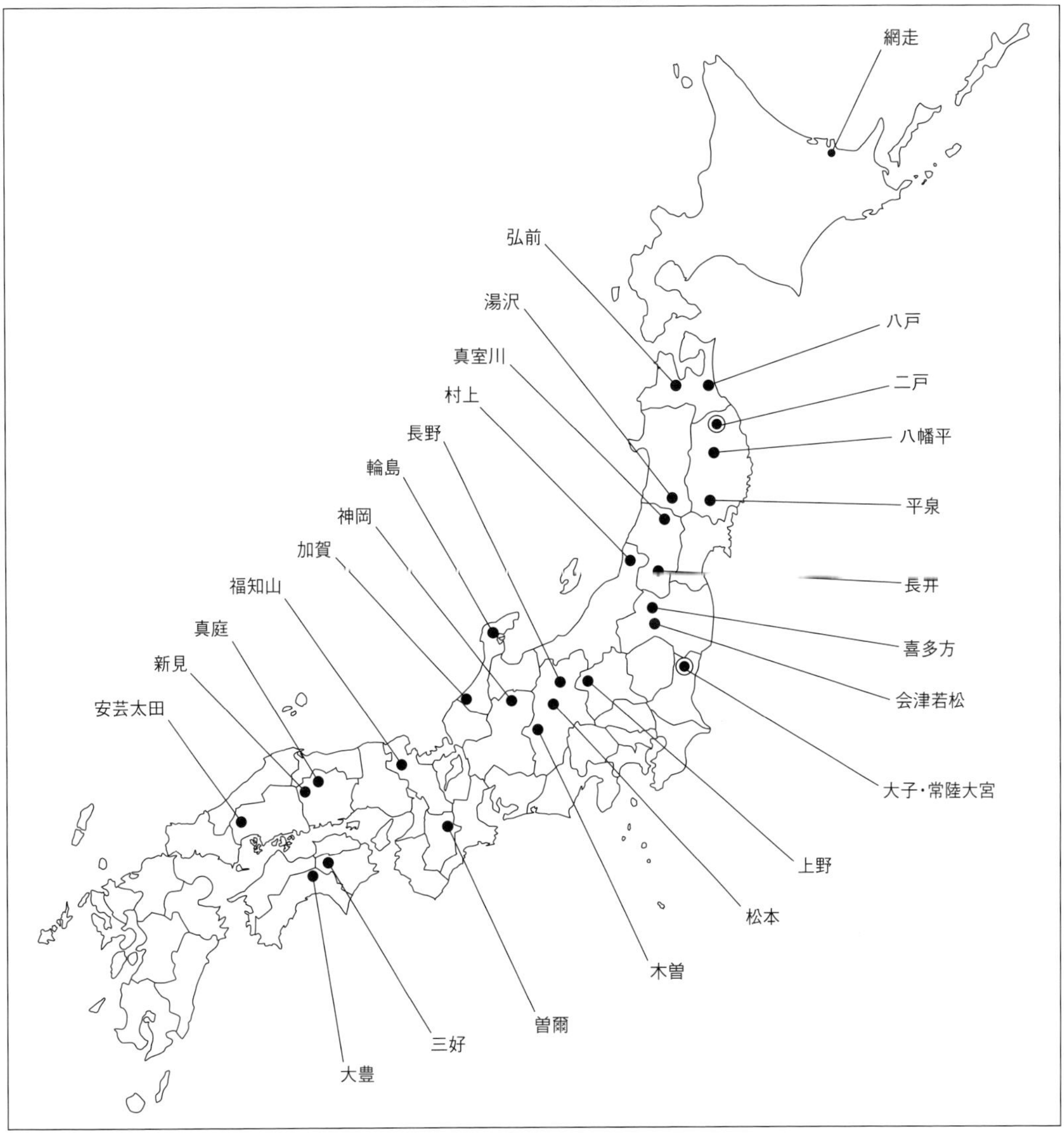

安芸太田町、四国では徳島県三好《みよし》市、高知県大豊《おおとよ》町などで植栽されている（図）。

茨城県など成長のよいウルシ植栽地において10年前後の木で漆を採取する場合はあるが、岩手県などのウルシ植栽地では通常15〜20年生の木で漆を採取する。漆採取後に、漆掻きした木は伐採され、その後実生苗や分根苗（「ウルシ林造成のための苗の育成」の項目を参照）が植栽され、新しくウルシ林が造成される。また、伐採後に発生する萌芽枝を利用することでウルシ林を再生することができる（「萌芽更新」の項目を参照）。

（田端雅進）

樹皮の組織構造

●樹幹の構造と形成

【樹幹の構造】

樹木は、樹冠、樹幹、根で構成される。樹幹は、樹冠で生産された光合成同化産物や根で吸収した水や栄養塩類を輸送し、デンプンなど物質を貯蔵する機能がある。また樹幹は、樹木自体の重量や強風などに長期間耐え、地上部の器官を高く支える役割もある。樹幹を輪切りにすると、樹幹の中央部には髄と前形成層由来の一次木部が存在し、その周囲に二次木部が、さらにその周囲には樹皮が存在する。

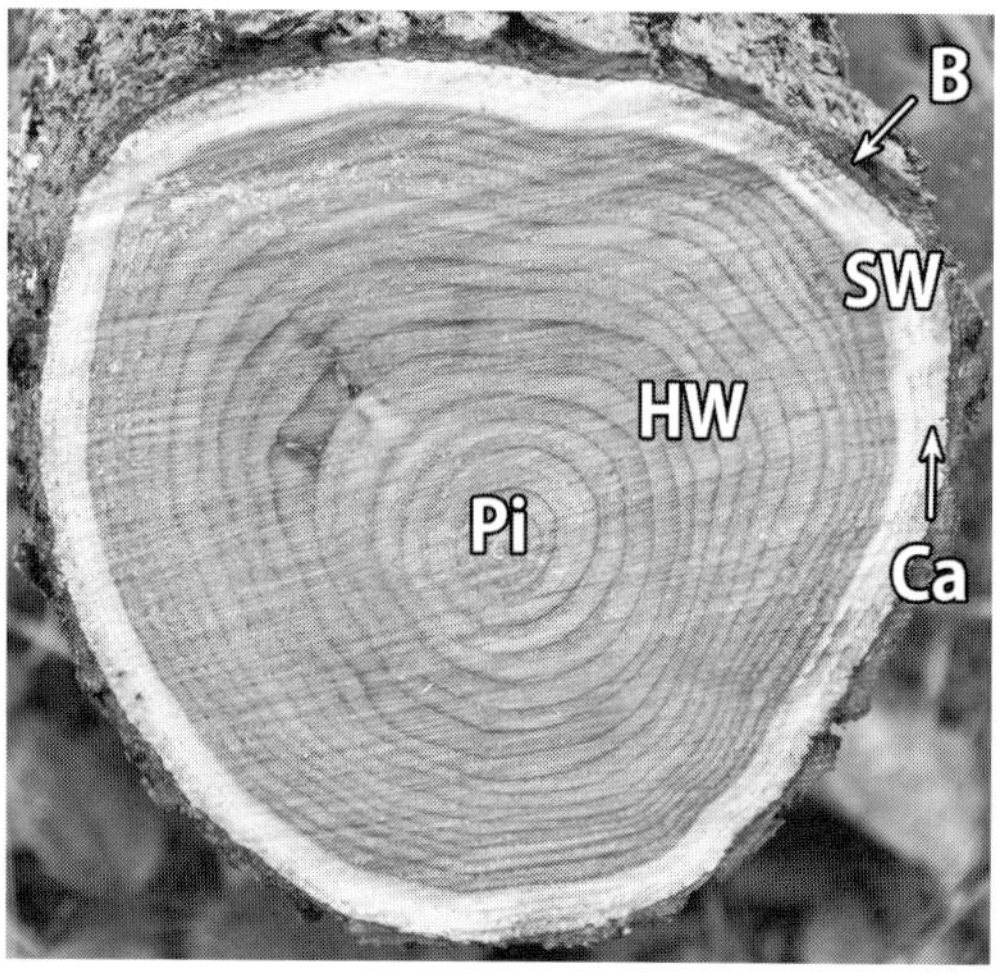

ウルシの樹幹の構造（横断面）
B；樹皮、Ca；形成層、SW；辺材、HW；心材、Pi；髄（写真：田端雅進）

二次木部と二次師部の間には、柔らかく水分に富む狭い層である維管束形成層（形成層）が存在する。形成層は活発に分裂活動を行ない、二次木部と二次師部を生産する。[1,2] 一般に、二次木部の量は二次師部に比べ著しく多いため、樹幹の大部分は二次木部が占め、二次木部が蓄積した部分を木材として利用できる。樹幹を構成する二次木部や二次師部の細胞壁は、葉から吸収した大気中の二酸化炭素を基に光合成により生産された光合成同化産物により作られるため、樹幹は二酸化炭素を固定する場所である。髄に近い中央部に着色した二次木部とその周辺部に白っぽい二次木部が認められ、着色した部分を心材と呼び、白っぽい部分を辺材と呼ぶ。辺材とは、成熟が完了してもすぐには細胞死が起こらない木部柔細胞など生きている二次木部細胞が存在する部分を指す。

一方、心材は、すべての二次木部細胞が死細胞であり、水分通道や生理的機能を失っている。心材形成は、長期間生育する樹木特有の現象である。木部柔細胞は、細胞死を迎える過程で樹種特有の心材物質を生成する。心材物質にはノルリグナンなどフェノール性物質が多く、樹幹に耐久性を付与する。心材の色には樹種特性があり、ウルシ（*Toxicodendron vernicifluum*）などは心材の着色が濃く、辺材と心材の境界が明瞭である（「ウルシの特徴および漆の生産」、「ウルシ材の化学成分」の項目を参照）。

【樹皮の構造】

形成層細胞の分裂により、二次師部が厚くなると、師部柔細胞または師部放射柔細胞が二次的に分裂能力を得てコルク形成層となり、外側にコルク組織を形成し、内側にコルク皮層を形成する。(3) コルク組織、コルク形成層、コルク皮層を合わせて、周皮と呼ぶ。周皮は、樹幹を取り巻くように円周状に形成される。樹皮は、最も内側(形成層側)の周皮を境に、周皮の外側の死細胞の集まりである外樹皮と周皮の内側の生きている二次師部が存在する内樹皮に分れる。シラカンバ(*Betula platyphylla*)やモミ(*Abies firma*)など平滑な樹皮を形成する樹種では、最初に形成された周皮が長期間分裂して樹皮を形成する。しかしながら、多くの樹種では、コルク形成層が分裂する期間は短いため、師部柔細胞の脱分化によってコルク形成層が新たに発生する。その結果、新しい周皮が順次内側に形成され、死んだ二次師部組織と周皮が層状構造を示す外樹皮を形成する。このような外樹皮を、リチドームと呼ぶ。形成層活動により二次師部が外側に厚くなるに伴って、内樹皮の外側は周皮により順次外樹皮となり、一番外側の外樹皮は鱗片状や裂状となって剥離する。外樹皮の周皮と死んだ二次師部組織においては、ポリフェノールなど柔細胞由来の物質により変色しており、外樹皮と周皮は樹幹への外側からの物理的・化学的ストレスから守る保護層として機能する。

【ウルシの肥大成長】

樹幹は、伸長成長と肥大成長により、縦方向だけでなく横方向にもその大きさを増加させる。樹幹の接線方向に並んだ形成層細胞は、並層分裂(放射面分裂や偽横分裂)により樹幹に対する接線面で2個の細胞に割れる。理論的には、2個の細胞のうち1個の細胞は形成層始原細胞として残り、もう片方の細胞が内側の細胞の場合は木部母細胞となり、外側の細胞の場合は師部母細胞となる。しかしながら、形成層始原細胞と同様な分裂能力を持つ母細胞を、形態や細胞学的な違いで形成層始原細胞と区別することはできない。したがって、形成層始原細胞、木部母細胞、師部母細胞の層を一括して形成層帯と呼ぶことが多い。形成層は、並層分裂により内側に二次木部の細胞を生産しながら形成層自体は外側に押し出される。一方形成層の外側には、二次師部の細胞を生産する。形成層に起源を持つ組織を二次組織と呼ぶ。形成層細胞は、自らとは異なる形態や機能をもつ二次木部や二次師部(これ以降、二次木部と二次師部を木部と師部に略する)細胞に分化する能力をもち、細胞分裂を行なっても同様な分化能力を維持することができるので、幹細胞の性質をもつ。形成層が分裂することにより、ウルシなどの樹幹が横方向に太る成長が肥大成長である。

【形成層細胞の伸長・拡大と分化】

形成層には、樹幹の軸方向に細長く両端がとがった紡錘形の紡錘形形成層細胞と、樹幹の水平方向に若干長いかほとんど等直径の放射組織形成層細胞という形態の異なった2種類の細胞が存在する。形成層細胞は、分裂能力を失うと伸長や拡大し始め、木部または師部細胞に分化する。紡錘形形成層細胞は、仮道管、道管要素、木部繊維、軸方向柔細胞など軸方向の木部細胞に分化し、細胞特有の形態と機能を持つようになる。放射組織形成層細胞は、木部放射柔細胞や木部放射仮道管など水平方向の木部細胞に分化する。ウルシなど広葉樹においては、紡錘形形成層細胞は仮道管、道管要素、木部繊維、軸方向柔細胞、という形や機能が異なる木部細胞に分化する。仮道管や道管要素などに分化した木部細胞の多くは、一次壁の伸長や拡大、二次壁の肥厚、壁孔やせん孔など修飾構造の形成、リグニンの沈着等の分化過程を経ると直ちに液胞や核など細胞内容物の分解と消失が起こり、死細胞となる。したがって、ある一定の大きさをもった樹幹の95%以上は、死細胞の集合体といえる。一方、木部柔細胞に分化した細胞は、成熟が完了しても核など細胞内容物を長期間維持し、生活細胞として養分の貯蔵・供給や心材物質の生合成を行なう。

【師部の形成】

紡錘形形成層細胞は、師細胞、師管要素、師部柔細胞など内樹皮を構成する軸方向の師部細胞にも分化し、多くの樹種では師部繊維にも分化する。一方、放射組織形成層細胞は、水平方向の師部放射柔細胞に分化する。カラマツ属などでは、師部柔細胞や師部放射柔細胞の一部はさらに再分化して、厚壁で多層構造を有するスクレレイドになる。師細胞と師管要素を総称して師要素と呼び、光合成同化産物を移動させる役割を担う。針葉樹には師細胞が存在し、広葉樹には師管要素が存在する。師細胞は、細長く両端がとがっており、細胞の先端部や側面には多数の師孔により構成される師域が存在する。一方、師管要素は、師細胞に比べて短く円柱状で、末端壁が水平または傾斜している。師管要素の末端壁には1～数個の師域が存在する師板があり、師板で上下方向の師管要素が繋がり師管を構成する。師孔には多糖類のカロースが存在し、師管内の内容物が流出するのを防ぐ作用がある。また、師管要素には生理活性の高い伴細胞が密着していて、師管要素の働きを助けている。

【漆滲出量に関わる樹脂道】

ある特定の樹種においては、エピセリウム細胞と呼ばれる分泌細胞に囲まれた管状の細胞間隙である樹脂道を形成する。漆など樹脂は、エピセリウム細胞で生産され、樹脂道に分泌され貯蔵される。樹脂道は、軸方向ならびに放射方向に発達する。軸方向の樹脂道は垂直樹脂道と呼び、放射方向の樹脂道は水平樹脂道と呼び、放射組織内に存在する。樹脂道には、正常な分化過程で形成される正常樹脂道と樹幹が傷害を受けたときにのみ形成される傷害樹脂道の2種類がある。日本産の針葉樹では、マツ属、カラマツ属、トウヒ属、トガサワラ属の木部に正常樹脂道が存在する。正常樹脂道は、ほぼ単独で不規則に配列する。

一方、日本産の広葉樹材には、木部に正常な軸方向樹脂道が認められないが、主要な南洋材であるフタバガキ科の一部の樹種などの木部には軸方向の正常樹脂道が形成される。一方、南洋材であるフタバガキ科、ウルシ科、カンラン科の一部の樹種や日本産のウルシ科のチャンチンモドキ(*Choerospondias axillaris*)やウコギ科のカクレミノ(*Dendropanax trifidus*)やフカノキ(*Schefflera octophylla*)などの木部には放射方向の正常樹脂道(水平樹脂道)が認められる。[3,4]

【傷害樹脂道の形成】

ある特定の樹種では、樹幹が受けた傷害に応じて樹脂道が形成され、正常に形成される樹脂道と区別して傷害樹脂道と呼ばれる。傷害樹脂道は、接線方向に連なって現れる傾向がある。日本産の針葉樹においては、正常な樹脂道を形成するマツ属やトウヒ属だけでなく、モミやトドマツ(*Abies sachalinensis*)などのモミ属やツガ(*Tsuga sieboldii*)などのツガ属など、正常樹脂道を形成しないに樹種にも傷害樹脂道が形成される。また、スギ(*Cryptomeria japonica*)やヒノキ(*Chamaecyparis obtusa*)では、樹皮に傷害樹脂道が形成される。日本産の広葉樹においては、ミカン科のカラスザンショウ(*Zanthoxylum ailanthoides*)やセンダン科のチャンチン(*Toona sinensis*)など一部の樹種において木部に傷害樹脂道が認められる。[3,4] 一方、ウルシ科、セリ科、ウコギ科、カンラン科においては、樹皮に樹脂道が形成される。[5] 日本産のウルシ科に関しても、ウルシ属のウルシ、ヤマウルシ(*T. trichocarpum*)、ハゼノキ(*T. succedaneum*)、ヤマハゼノキ(*T. sylvestre*)、ツタウルシ(*T. orientale*)、ヌルデ属のヌルデ(*Rhus javanica*)の樹皮に軸方向の正常樹脂道が存在する。[6~12] さらに、漆掻きによる傷害により、ウルシの樹皮に接線方向に連なって現れる軸方向の傷害樹脂道が形成される。[13]

●ウルシの樹皮の組織構造

【内樹皮の構造】

ウルシの内樹皮は、師管要素、伴細胞、師部柔細胞、師部繊維、師部放射柔細胞で構成される。また、内樹皮には、エピセリウム細胞に囲まれた軸方向の正常樹脂道が存在する。正常樹脂道は不規則に配列し、ほぼ単独で分散して分布する。外樹皮側の内樹皮には、形成層側の内樹皮に比べて断面積が大きい樹脂道が多く認められる。樹脂道の形状を比較すると、内樹皮の形成層側では、接線方向径と半径方向径の比が1.0～1.5の値を示し、ほぼ円形である。一方、外樹皮側では、樹脂道の接線方向径が増大するため接線方向径と半径方向径の比が1.5以上の値を示し、楕円形になる。樹幹の肥大成長により、樹皮が内側から外側に押し出されるに従い接線方向の引張応力が発生し[14]、外樹皮側の樹脂道は接線方向に増大すると考えられる。一方、形成層付近の内樹皮には、軸方向の樹脂道が多く観察される。樹脂道は、接線状に並んでおり、また連続して存在する場合もある

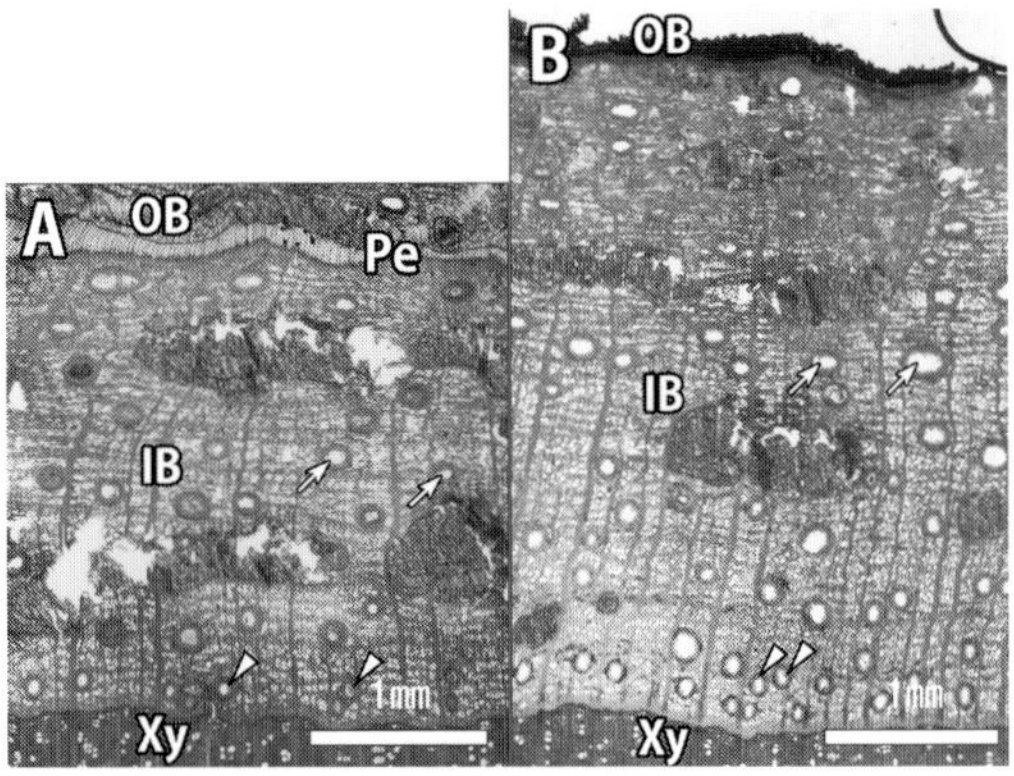

ウルシの樹皮の光学顕微鏡像(木口面)[13]
A;漆滲出量の少ないクローン、B;漆滲出量の多いクローン
矢印;正常樹脂道、矢頭;傷害樹脂道
OB;外樹皮、Pe;周皮、IB;内樹皮、Xy;木部
(写真:保坂路人)

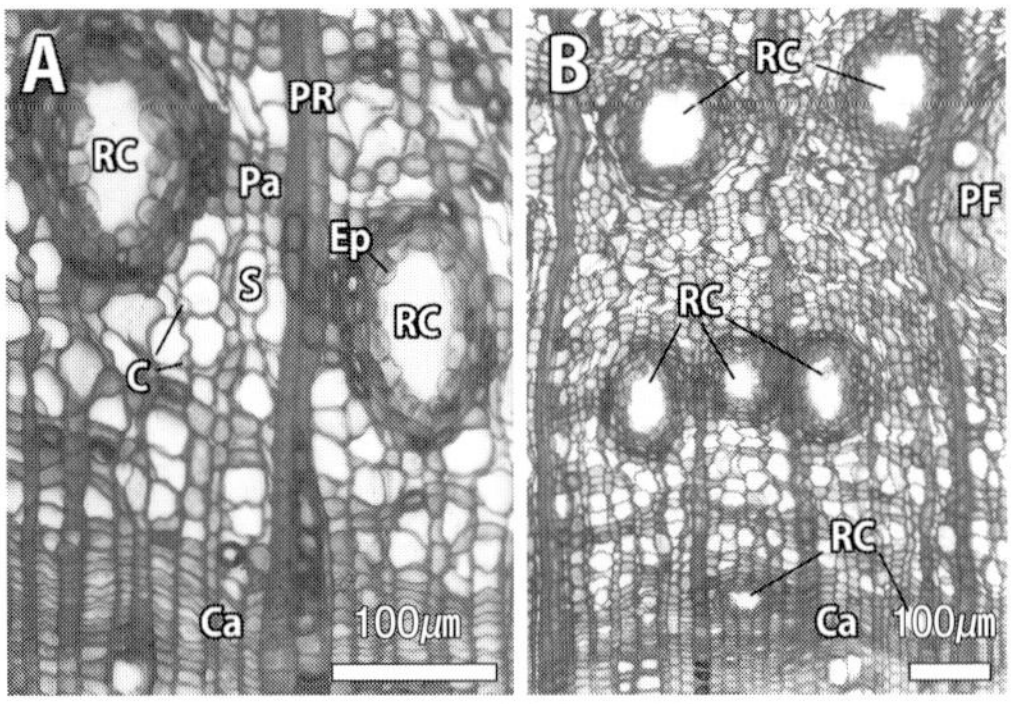

ウルシの内樹皮の光学顕微鏡像(木口面)[13]
A;形成層付近の内樹皮に師管要素、伴細胞、師部柔細胞、師部放射柔細胞、エピセリウム細胞、樹脂道、が認められる、B;形成層付近の内樹皮に接線状に連続した樹脂道が認められる
C;伴細胞、Ca;形成層、Ep;エピセリウム細胞、PF;師部繊維、Pa;師部柔細胞、PR;師部放射柔細胞、RC;樹脂道、S;師管要素
(写真:保坂路人・Hasnat Rahman・山岸祐介)

ことから、漆掻きによる傷により軸方向の傷害樹脂道が誘導されるといえる。内樹皮における正常樹脂道と傷害樹脂道内を低温走査電子顕微鏡法[15]などで観察すると、すべて樹脂で満たされている。また、内樹皮の正常樹脂道および傷害樹脂道を取り囲むすべてのエピセリウム細胞には核が存在している。したがって、漆は木部を通道する樹液由来ではなく、内樹皮におけるエピセリウム細胞内で生産され、樹脂道内に蓄積された樹脂由来であるといえる。

【漆滲出量に関わる樹皮の厚さ、樹脂道の数および合計断面積】

漆掻きによって採取される漆滲出量は、１個体当たり平均して２００gといわれている[16]。しかしながら、個体によって漆滲出量は大きく異なる。樹皮表面を観察すると、漆滲出量が少ないクローンでは傷口からの漆の流出があまり認められないのに対し、漆滲出量が多いクローンでは、傷口からの漆の流出が多く、流出した漆をヘラで採取した後も漆が流出し続けるため、樹皮表面が樹脂に覆われる。個体間で漆滲出量が異なる要因として、樹幹直径の違いが関与していることが古くから指摘され

ているが[6][9]、樹幹直径が同じであっても漆滲出量が大きく異なる個体もある。そこで、漆滲出量の個体による違いと樹皮の構造、特に樹脂道の量や形態との関係を調べると、漆滲出量の多いクローンは漆滲出量の少ないクローンと比較して、内樹皮の厚さ、単位接線幅当たりの樹脂道数および樹脂道合計断面積が有意に大きい値を示す[13]。

ウルシの樹皮の厚さが増大すると樹脂道数が増加し、樹脂道数が増加するか直径の大きな樹脂道が形成されると樹脂道の断面積の合計が増加するため、漆滲出量も増大する[10]。また、ウルシの正常樹脂道の平均直径、単位面積当たりの数、樹皮厚さと漆滲出量には正の相関関係がある[12]。したがって、漆滲出量と内樹皮の解剖学的特徴には密接な関係があるといえる。

漆生産量が異なるウルシの樹皮表面
A; 漆滲出量の少ないクローン、B; 漆滲出量の多いクローン(写真：田端雅進)

内樹皮の厚さや正常樹脂道の量・断面積など樹皮の組織構造の解析により、漆掻きを行なう前に漆滲出量の違いを推定することが可能といえる。樹皮の組織構造の違いは、漆滲出量が多いクローンを選抜する上でのよい生物指標になるといえる。選抜されたクローンは、分根苗の植栽や萌芽更新[17]・組織培養技術[18]などにより増殖可能である。

【漆滲出量に関係する植物ホルモン】

漆滲出量の多いクローンの形成層付近の内樹皮には、漆滲出量が少ないクローンに比べて多くの傷害樹脂道が形成される[13]。したがって、傷害に対する師部細胞の応答性はクローンにより異なり、傷害樹脂道の形成量の違いにより内樹皮における樹脂道の量が変動し、漆滲出量に影響を与えている。針葉樹の傷害樹脂道の誘導には、エチレンやジャスモン酸などの植物ホルモンが重要な役割を担っている[19]。例えば、ヒノキ、ヨーロッパトウヒ(*Picea abies*)、ダグラスファー(*Pseudotsuga menziesii*)、セコイアデンドロン(*Sequoiadendron giganteum*)などの樹幹にジャスモン酸メチルやエチレンの発生剤であるエテホンを塗布すると、傷害処理を行なわなくても木部または師部に傷害樹脂道が形成される[20〜23]。一方、広葉樹であるフウ(*Liquidambar formosana*)の樹幹にエテホンを処理すると、木部に傷害樹脂道を誘導できる[24]。形成層付近の内樹皮における傷害樹脂道数のクローン間の違いは、傷害によって誘導されるエチレンやジャスモン酸の内生量の違いや二次師部細胞の植物ホルモンに対する反応性の違いに起因すると考えられる。

ウルシの樹幹の傷害部にジャスモン酸メチルを塗布すると、漆の分泌量は増大する。[25] したがって、ウルシの樹幹に対するジャスモン酸メチルやエチレンなど植物ホルモンの処理方法を確立することにより、内樹皮における傷害樹脂道の形成を促進し、漆滲出量が少ないクローンにおいても漆滲出量を増大させることが期待できる。

（船田　良）

2章

ウルシの栽培

遺伝的多様性・優良系統選抜

●育種と遺伝資源

【品種改良または育種】

食卓に上るコメ、野菜、肉類など多くの食品は、人類の歴史の中で品種改良されてきたものである。例えば、ムギ類ならばメソポタミア地方を含む西アジアで食用にされ、栽培化は紀元前7000〜5000年にはすでに始まったと考えられている[1]。おそらく、最初の小麦は現代から見ればおおよそ食用には向かないイネ科の雑草であったものを、より大きな実を付けるもの、より多くの実を付けるものといった具合に継続的に選抜し、それをまた栽培することで少しずつ現代の形に近づけたものと推察される。日本では江戸期に入ると品種改良が一大ブームとなり、花卉類や金魚など観賞用として競うように多様な形態を示す品種が生み出された[2]。

人類は、野生に生育する様々な動植物を自らが望む形に少しずつ改良してきた。品種改良とも呼ばれるこの操作は、育種と呼ぶこともあり、現代でも人類がより豊かな生活を送るための農業分野における必須技術の一つである。より大きな実、より多くの実を付けるものを人間が選び出すことによって品種改良することを育種分野では特に選抜育種と呼ぶ。これに対して特定の形質を示す親を交配し、子に望む形質が現れることを期待して行なう育種操作は、交配(交雑)育種と呼ばれ、選抜と交配を繰り返して品種改良を行なうことは現在でも育種の主要な操作の一つである。

【突然変異が生み出す遺伝的多様性】

DNAは遺伝情報の本体であり、A・C・G・Tと表記される4種類の塩基で示すことが一般的である。人間のDNAはおよそ30億個の塩基で構成されることが明らかとなっている。DNAは永遠不変ではなく、突然変異によって変化することが知られている。DNAはおおまかに遺伝子と遺伝子ではない領域に二分できるが、突然変異が遺伝子に生じた場合には形質に影響する可能性があり、その形質が人間の目に留まる場合には、選抜育種の対象として品種改良に大きく寄与する可能性がある。

突然変異が生じたDNAの塩基の場所によっては個体の生命に重篤な影響を及ぼすこともあり、そのような場合にはその突然変異が生じた個体は子孫を残すことができないため、個体の寿命と共にその突然変異は消滅すると考えられている。個体の生命や子孫を残すことに影響しない突然変異も多く、その場合にはその突然変異は、交配を通じて子孫に受け継がれ、次第に

図1　様々な突然変異が集団の中で拡散するプロセス

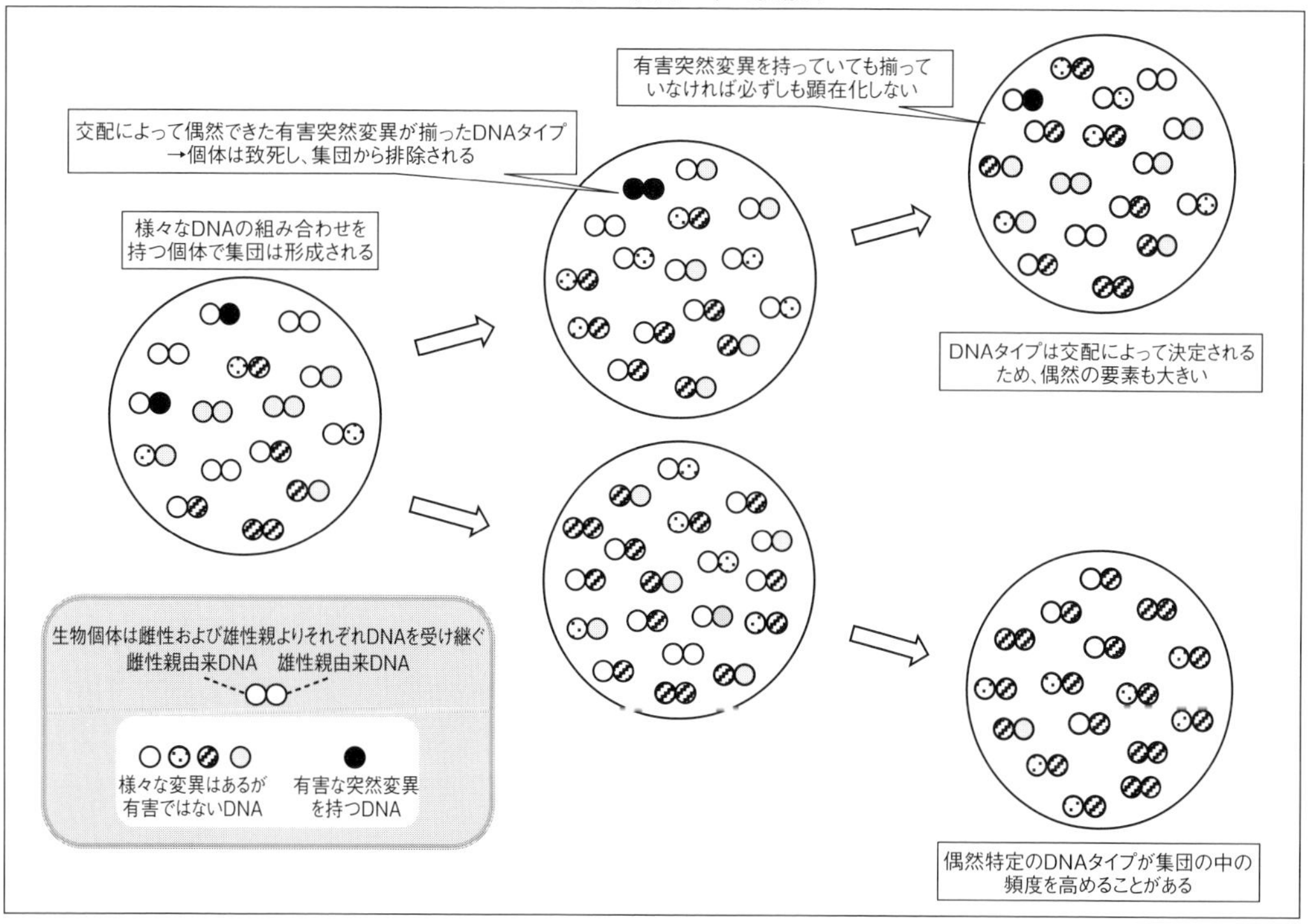
様々なDNAの組み合わせを
持つ個体で集団は形成される
交配によって偶然できた有害突然変異が揃ったDNAタイプ
→個体は致死し、集団から排除される
有害突然変異を持っていても揃って
いなければ必ずしも顕在化しない
DNAタイプは交配によって決定される
ため、偶然の要素も大きい
偶然特定のDNAタイプが集団の中の
頻度を高めることがある
生物個体は雌性および雄性親よりそれぞれDNAを受け継ぐ
雌性親由来DNA　雄性親由来DNA
様々な変異はあるが
有害ではないDNA
有害な突然変異
を持つDNA

多くの個体が共有することがある（図１）。学問的には個体の集まりは個体群または集団と呼ばれる。ある個体に生じた突然変異がある環境で生存に有利であった場合には、遺伝することによって何世代、何十世代もかけて次第に集団中に拡がる。世代を通じてその突然変異が拡がる過程で別の突然変異が生じ、生存には有利でも不利でもない場合には、次第に様々なＤＮＡ塩基の構成（ＤＮＡ塩基配列と呼ばれる）が生み出されることとなる。遺伝によって突然変異が集団に拡がるためには交配が必要となるため、ある地域で生じた突然変異は異なる地域に分布する個体には遺伝しないことがある。異なる地域にあり、物理的に交配が不可能な集団間では、各地域で生じた突然変異は交流が起こらないため、長い年月が経つとそれぞれの地域で独自のＤＮＡ塩基配列を持つこととなる（図２）。

　このように様々な地域の集団が同じ突然変異を共有することや、その突然変異が別の集団に受け継がれなかった場合には、結果として各地域に独自の様々なＤＮＡ塩基配列が生み出されることとなる。このような様々なＤＮＡ塩基配列がある個体群や集団中に内包される現象は、特に遺伝的多様性と呼ばれている。遺伝的多様性はその集団が形成される過程に影響されるため、同じ種内でも遺伝的多様性が高い集団や遺伝的多様性が低い集団が存在する。自然条件下で遺伝的多様性の形成には、極めて長い時間が必要とされ、数万年、場合によっては数十万年

図2　集団が分断されることによって生み出される地域間の遺伝的相違

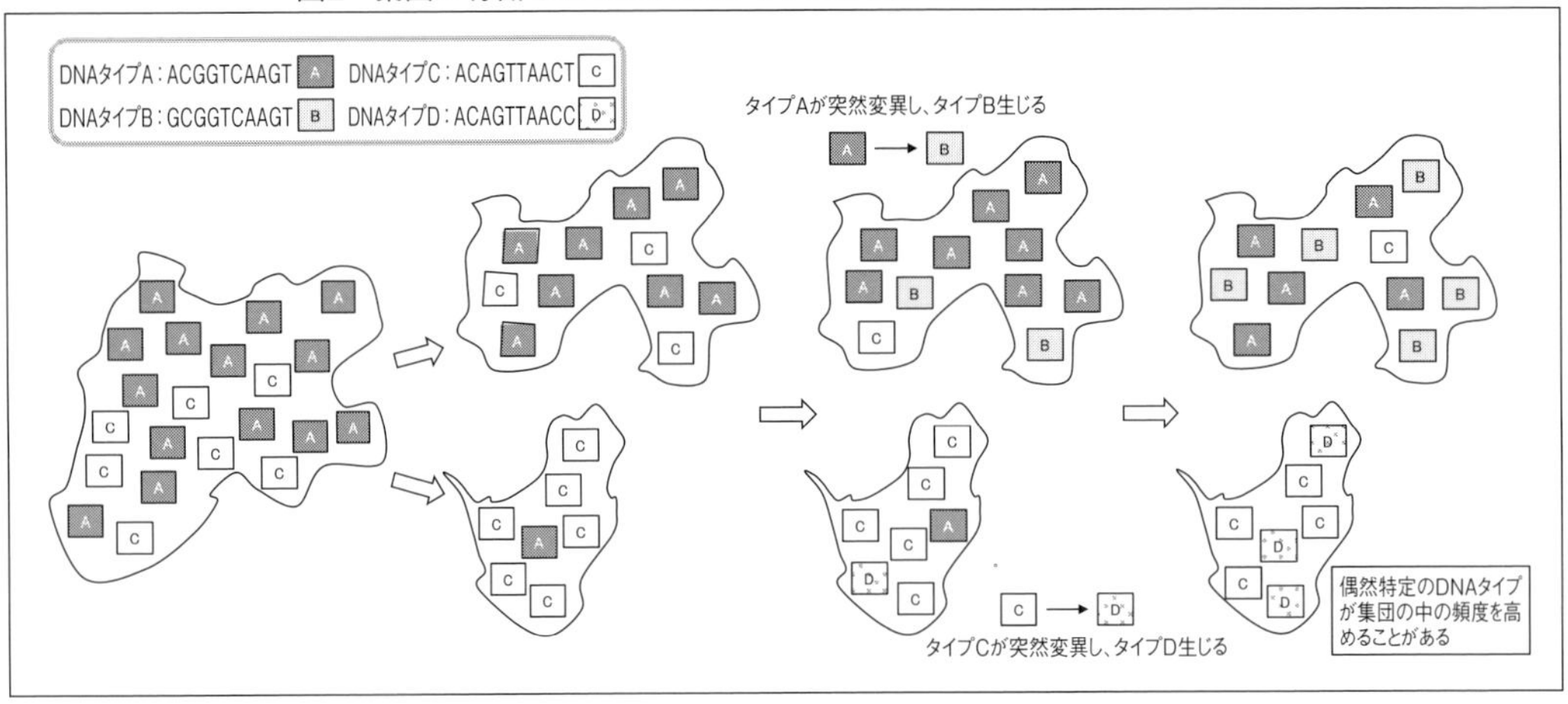

図3　選抜による形質の変化

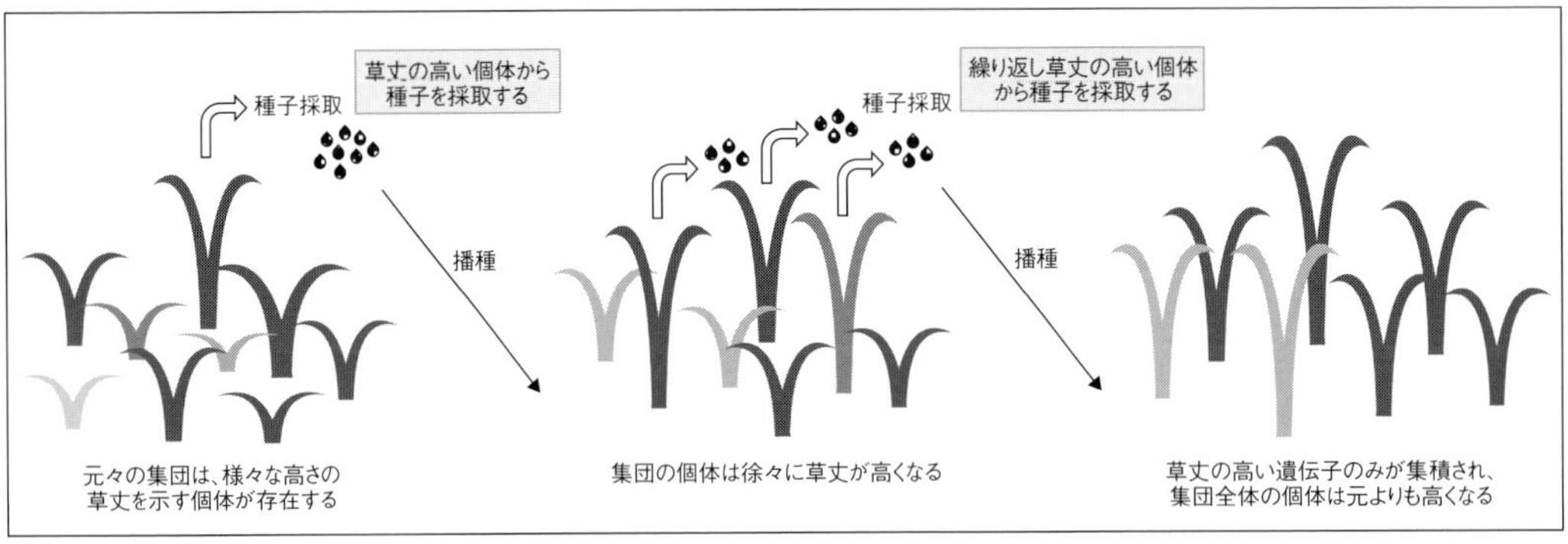

単位で形成されると考えられている。

【品種改良には遺伝資源が重要】

自然条件下で偶然生じた突然変異が人類にとって望ましい形質を示す可能性は確率的に考えて極めて低く、自発的に移動しない植物では、花粉が雌しべに受粉するためには、風、昆虫、動物などが介在する必要性があり、どの個体とどの個体が交配するかも偶然の要素が大きい。自然条件下で生育するある個体群について数十年単位で人間が望む形質を示す個体を選抜し、そのような個体から種子を採取し、その種子から発芽した個体を育成する、といった操作を繰り返し行なえば、徐々に望む形質に関与する遺伝子も個体群の中で蓄積し、形質自体も徐々に人間が望む形質へ変化する(図3)。さらに様々な形質を示す個体は、それぞれ異なる遺伝子の影響によると仮定した上で人間によって交配を促せば、自然条件下よりもはるかに高い確率で人間が望む形質が子孫から得られる可能性がある。前述したように、この選抜と交配の繰り返しが育種操作の基本的な考えとなる。しかし、育種操作は、扱う集団に十分な遺伝的多様性があることが前提となっており、遺伝的多様性が高い集団を対象に育種を行なえば、新規の新たな形質が多く得られる可能

図4　遺伝的多様性と生物遺伝資源集団

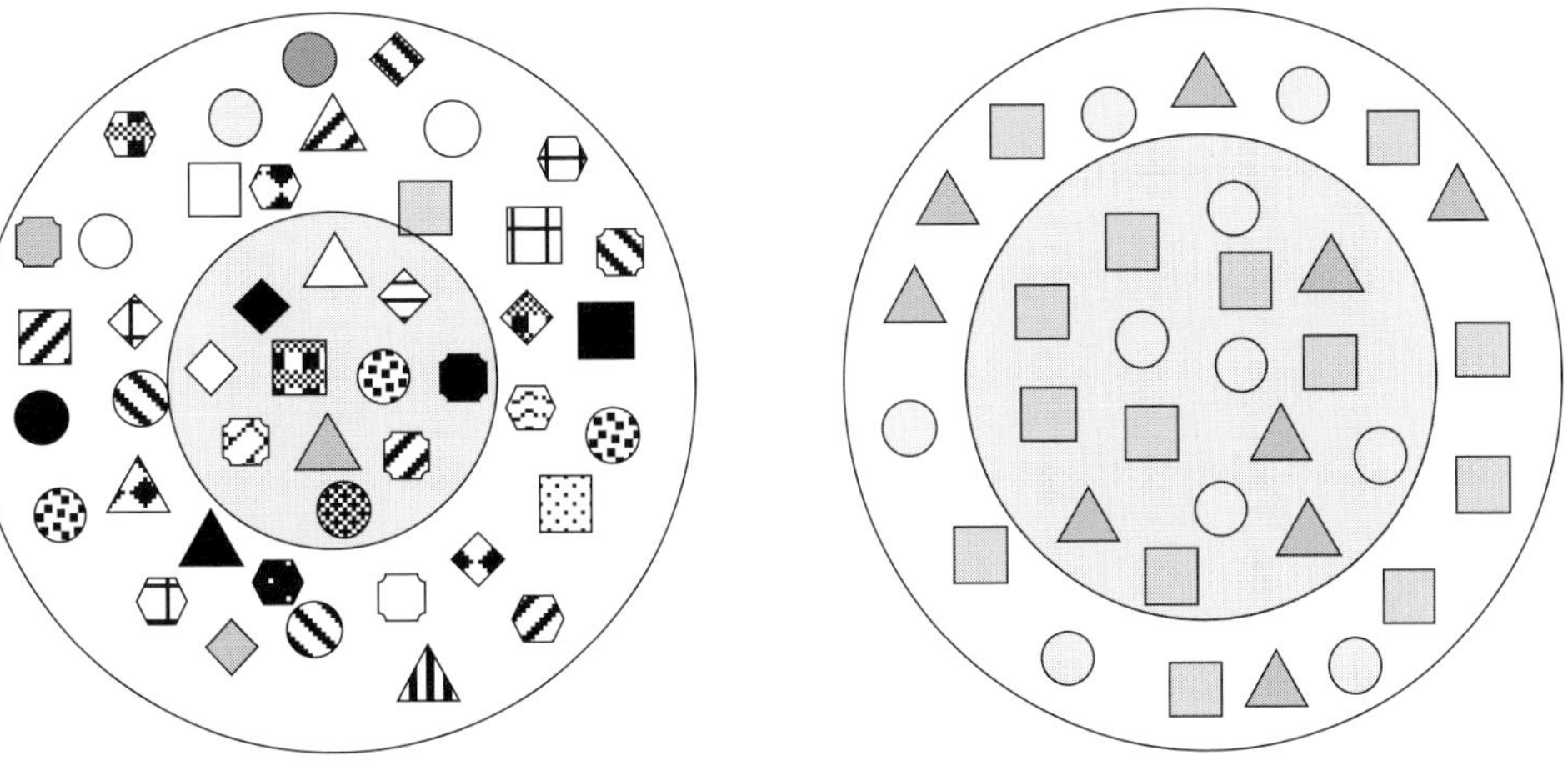

ここでは、DNAタイプの違いを形・色・パターンで示している。多様なDNAパターンの存在は、多様な遺伝子が存在することと同じ意味を持つ。外側の円は、その種が持つ遺伝的多様性全体を示し、内側のグレーの部分は生物遺伝資源を示す。生物遺伝資源は、品種改良をする上で重要な遺伝子を含むが、その生物が持つ遺伝的多様性全体から考えれば遺伝子はさらに多いため、人類にとって未知の有用遺伝子を含んでいる可能性がある。

左図と同様に、外側の円は、その種が持つ遺伝的多様性全体を示し、内側のグレーの部分は生物遺伝資源を示す。多様性が低い場合、遺伝資源集団の収集を繰り返し行なったとしても、新たな有用遺伝子が得られない可能性がある。この場合、通常の育種操作以外に遺伝子組み換え技術などが検討されることがある。

性が高く、遺伝的多様性が低い場合には、得られる新規の形質の数は少なくなると考えられている(図４)。

生物遺伝資源とは、人類にとって現在または潜在的に利用価値の高い遺伝素材を含む生物集団である。[3] そのうち、特に育種を行なう上で有用な集団は育種集団と呼ばれることもある。育種による品種改良を行なうのであれば、遺伝資源や育種集団は遺伝的多様性が高いことが望ましい。一般的に野生の中で自然に蓄積された突然変異がその種やその集団の遺伝的多様性の基準であり、遺伝資源や育種集団の遺伝的多様性は、野生集団と比較して評価されることがある。[4] 現在保有する遺伝資源や育種集団の中に将来必要となる遺伝子が含まれていないと判断された場合には、新たな遺伝資源の探索や収集が行なわれ、新規に遺伝資源として保存される。自然保護は、遺伝資源構築を目的として提唱・実施されているわけではないが、自然保護が達成され、野生集団の遺伝的多様性が自然条件下で維持されていれば、将来人間が利用する際の遺伝資源として有益であることは間違いない。

●ウルシの遺伝的多様性

【ウルシの渡来と遺伝的多様性】

ウルシ科は、83属860種に分類され、[5] アジア、アフリカ、アメリカの亜熱帯から温帯に分布し、同科にはウルシ以外にもカシューナッツやマンゴーがウルシ科に含まれていることから、英語ではCashew family（カシュー科）と表記する。ウルシ属種間の系統関係を明らかにした論文では、ウルシ属はアメリカとアジアに分布し、属以下の分類単位は4節24種に分類され、そのうちVenenata節に分類されるウルシ(*Toxicodedron vernicifluum*)は、属内の他の種からは独立しており、極めて近縁な種は存在しない[6]。

よく知られるようにウルシは、日本に自然分布するのではなく渡来、もしくは移入によって日本にもたらされたと考えるのが定説となっている。『樹木大図説』のウルシの説明には[7]、隋・唐の時代に渡来したとの説があること、実存が疑問視される欠史八代のうち、第6代孝安天皇の項に漆に関する記述があること、日本武尊の伝承などにも漆の記述が認められること、など様々な説が記載されており、渡来とすれば相当古い時期であることは間違いない。漆という文字も「幹から液がしたたり落ちる様」と記述されており、漢字の存在から考えてもかなり古い時代からウルシの幹などから漆液が出ることは知られていたと推察される。磯野は日本に渡来した植物を記録に従って年表にまとめており[8]、これによればウルシとほぼ同時期に渡来した植物には、ウメ、ダイコン、ハス、モモなどがあり、『樹木大図説』とも年代的には大きな差はない。ところが、縄文時代の遺跡から漆やウルシ材利用の痕跡が見つかっており、渡来の時期は9000年前とも1万2000年前とも言われている[9][10]。1万2000年前といえば最後の氷河期が終わった時期とも重なる。氷河期には、北海道や九州などが大陸と繋がっていたとする説もある[11]。縄文遺跡から漆やウルシ材が見つかることを考えれば、氷河期が終了する頃に気温と地形双方の変化の中で分布域の変動があり、現在の日本列島に取り残されたウルシが縄文時代に利用された可能性もある。この時期に朝鮮半島または、大陸と陸続きであったとすることを否定する説[12]もあり、ウルシが現在の日本に分布していたとする明瞭な証拠があるわけではない。定説に従い渡来したとすれば、果実、または種子によって渡来したと考えるのが妥当である。武田・管は、奈良時代の養老令にウルシ植栽の記載があること、延喜式では漆を納める地域として14地域挙げられていることを示している[13]。この記録は、奈良時代までには漆液が重要であることが広く浸透しており、この頃までには相当数のウルシ個体が植栽されたことを示している。

一般的に渡来した植物の遺伝的多様性は天然分布する植物と比較して低いと考えるのが妥当である。野生集団と比較して持ち込まれる種子や苗には限りがあるからである。例えば、現在果実として食用にしているモモは、すべて明治以降に導入された品種で構成されているが、ウルシと同時期に渡来したことが記録された個体群は、自生、または在来系統として認識されて

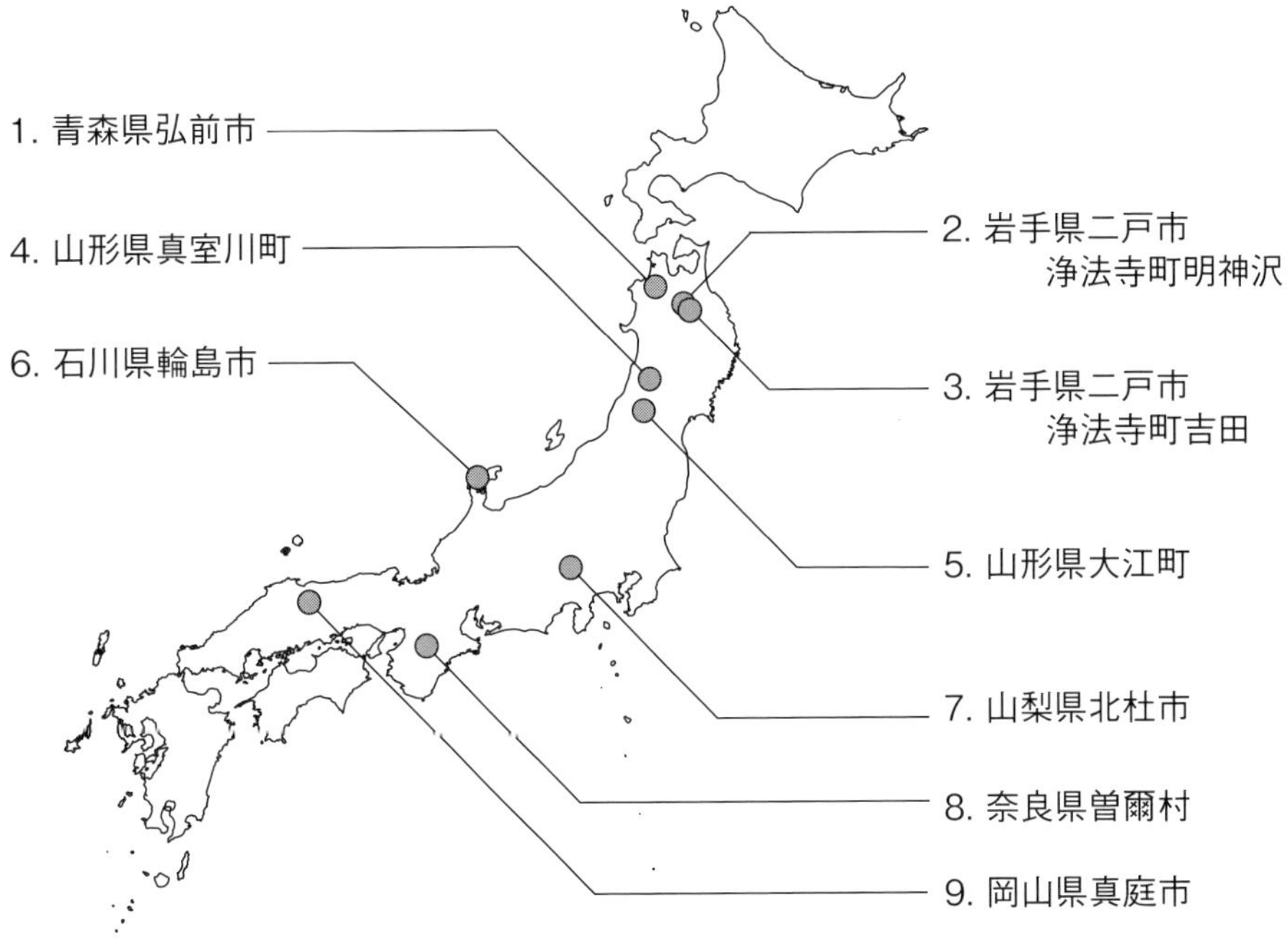

図5　ウルシの遺伝的多様性評価を行なう上で対象とした地域[16]

いる。この自生または在来系統についてDNA分析が行なわれた結果、自生および在来系統の遺伝的多様性が小さいことが報告されている[14]。奈良時代の記録に認められるように、漆液の重要性が認識される時代が日本には存在し、相当数のウルシが植栽されているのであれば、何度となく種子、または苗木(種苗)の状態でウルシは日本に持ち込まれたと推定される。しかし、明治以降、漆液自体の輸入が進む中で、特に戦後はウルシの造林や管理が積極的に行なわれたと考えることは難しく、現存するウルシ林が遺伝的多様性を維持しているかどうかについては不明である。一方で、今後優良ウルシ品種の品種改良が選択肢の一つとして存在するのであれば、現存するウルシ林の遺伝的多様性を把握することは、ウルシ遺伝資源評価として必要条件となる。

【現存ウルシ林の遺伝的多様性評価】

平岡らは、日本最大の漆産地である岩手県二戸市浄法寺町内の文化庁「ふるさと文化財の森」に指定されているウルシ林を対象に、細胞中の核に存在するDNAを分析してウルシの遺伝的多様性評価を行なっている[15]。この報告から、浄法寺町のウルシ林(浄法寺集団)の遺伝的多様性は十分に維持されていることが明らかとなり、浄法寺集団が実生でウルシ林を維持していることがDNAレベルからも証明された。最近、浄法寺町のウルシ

図6　各地域の収集したウルシの遺伝距離[13]

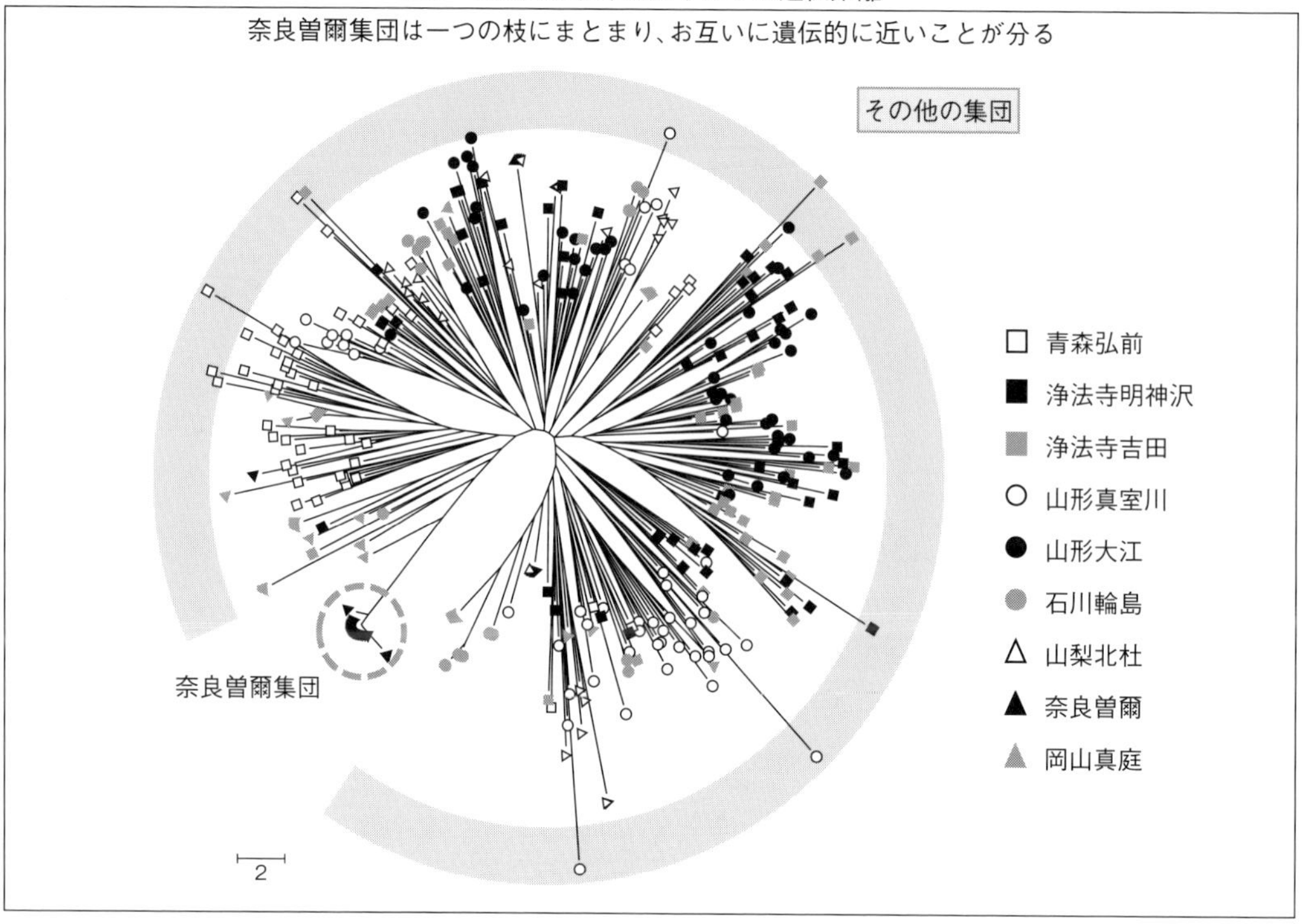

林を含め、現存する7県9ウルシ林(図5)を対象に平岡らの分析手法に情報量を追加して遺伝的多様性を評価した。[16]その結果、浄法寺集団はやはり高い遺伝的多様性を維持しており、逆に奈良県曽爾村のウルシ林(曽爾集団)は低い遺伝的多様性を示した(図6)。曽爾集団は、多数の個体がクローンであった。曽爾集団では一部クローンではなかった個体も遺伝的にはクローン個体と極めて類似しており、兄弟間交配などによる近親交配が進んでいることが示唆された。青森県弘前市のウルシ林(弘前集団)は、浄法寺集団とは遺伝的に異なっていることが示唆されたが、山形県の2か所のウルシ林のうち、大江町のウルシ林(山形大江集団)から収集したＤＮＡは浄法寺集団と類似し、もう一つの真室川町のウルシ林(山形真室川集団)は弘前集団と遺伝的に類似していた(図7)。突然変異が集団に拡大するプロセスに従って、一般的に自然状態で植物の分布域が拡大する場合には、地理的に近い地域は遺伝的に類似する傾向にあることが多くの研究から明らかにされている。しかし、山形県内の比較的近い地域の2ウルシ林間で遺伝的な類似性は認められなかったことから、これらのウルシ林は人間によって種苗が持ち込まれて植栽されたことを示している。山梨県北杜市と石川県輪島市のウルシ林は、浄法寺町や真室川町のウルシ林と類似性が高く、浄法寺町を由来とする種苗が広範囲に植栽されていると考えられる。岡山県真庭市のウルシ林は、遺伝的に異なるいくつかの

図7　各地域ウルシ林の遺伝的関係性

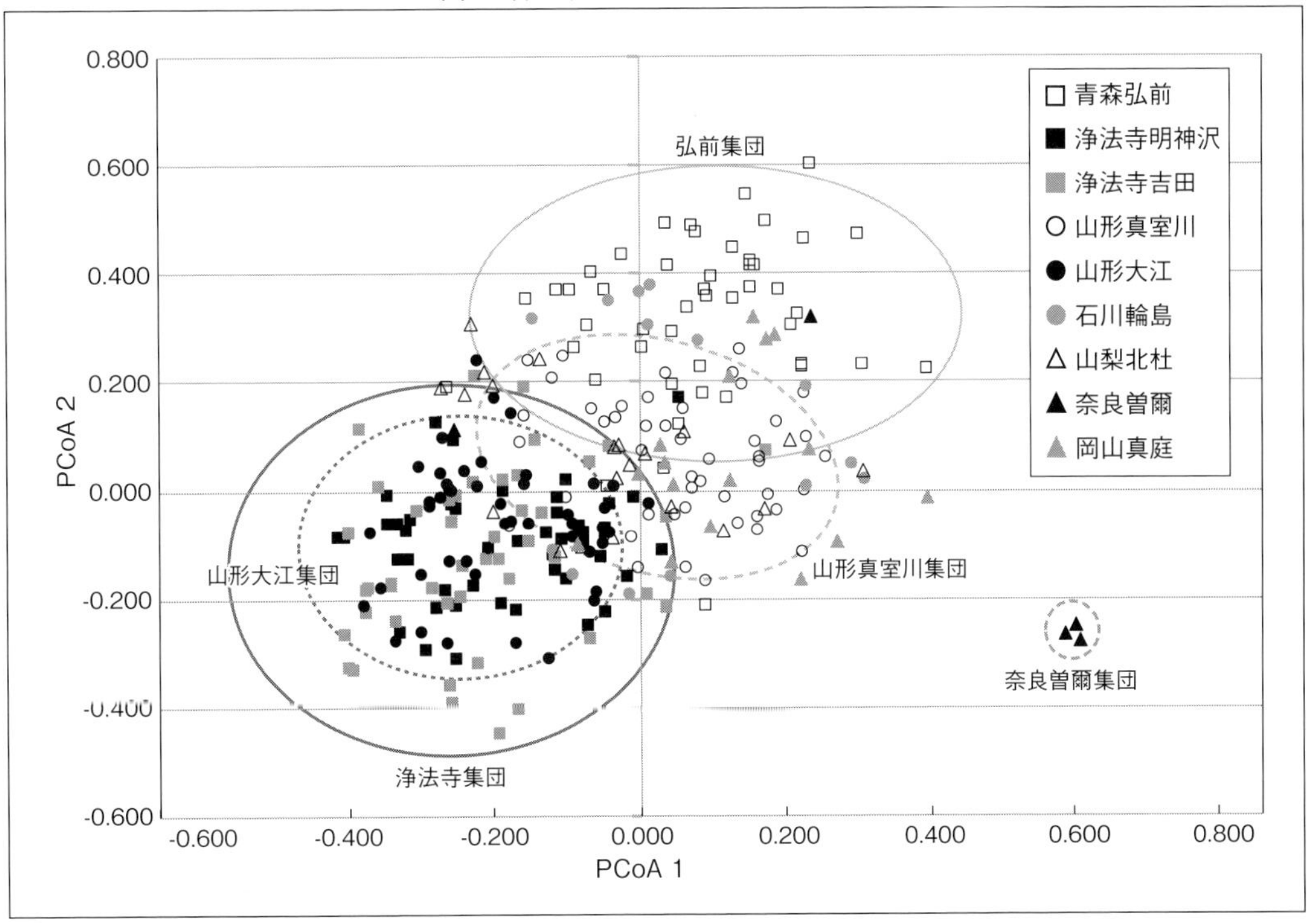

グループの苗でウルシ林が成立しており、複数の産地由来の種苗が持ち込まれていることを示している。

天然分布している中国のウルシとの比較では、日本のウルシの遺伝的多様性はやや低い値であった。ウルシは渡来種であること、萌芽更新や分根によるクローン増殖が行なわれている[17]こと、などの理由で長い栽培の歴史があるとはいえ、現存するウルシ林の遺伝的多様性は著しく低い可能性も考えられた。曽爾村のウルシ林で認められたように地域によっては極端にクローン林が形成されている可能性があること、種苗の移動が地域間で行なわれていることを考慮しても、日本に現存するウルシ林は全体としては遺伝的多様性を著しく減少させている事実はないことがDNA分析から明らかとなった。

●優良ウルシ林の造成に向けて

【高効率ウルシ林の造成は優良ウルシの選抜から】

茨城県常陸大宮市には分根苗によって造成されたクローンによるウルシ林が存在する。しかし、各個体がどのクローンと対応するかについては不明であった。それぞれの個体の漆滲出量には相違があったことから、このウルシ林31個体をDNA鑑定した結果、主に4クローンによってこのウルシ林は成立しており、各クローンの植栽配置が明らかとなった。さらに、各個体から得られていた漆滲出量をクローン別に評価した結果、漆滲出量が他のクローンよりも3倍多い個体は同一クローンであることが明らかとなった[18]。この結果は漆滲出量に関して優良なウルシが存在することを明らかにしただけでなく、これまでクローン構成を把握しないままウルシ林が維持されていたことを示している。漆滲出量の多い個体を選抜することができれば、次に優良ウルシのクローン化を図り、植栽することで効率的に高生産力ウルシ林の造成が可能である。これはウルシの選抜育種と言える。現存ウルシ林は遺伝的多様性が維持されていることを考えれば、様々なクローンを選抜することによって漆の量や質が異なる多様なウルシ林の造成も難しいことではない。文化庁は2015年に国宝や重要文化財の保存・修復に使用する漆について原則として下地も含め国産漆を使用することを目指すことを通達しており[19]、優良クローンの選抜と品種化およびクローン林の造成は、国産漆の増産への対応として最も迅速かつ効果的な対応と言える。

【クローン化の危険性と対策】

漆滲出量の多いクローンを優良品種とし、クローン林を造成することは、安定した生産を図る上で最も効率的な手法である一方で、クローンを扱う危険性についても十分認識する必要性がある。19世紀アイルランドでは、ジャガイモに対するフィトフトラ・インフェスタンス(*Phytophthora infestans*)による疫病が発生し、多くの餓死者を出すなど大被害を被った歴史的事実がある。ジャガイモ飢饉の名で知られるこの被害は、栽培されていたジャガイモが単一クローン、またはそれに近い極めて低い遺伝的多様性を示すジャガイモのみが利用されてきたことが原因の一つとも言われている。ダンには、ジャガイモ飢饉についての詳細な著作があり、同書には類似する事例としてバナナについての記載もある[20]。バナナは現在キャベンディッシュ品種が栽培されている。最近、バナナに対する疫病が発生し、単一品種のキャベンディッシュ品種はこの疫病に対して弱いことから、全滅も含めて憂慮する事態となっている。このように、クローンの利用は品質や生産力の安定性に寄与する一方で、そのクローンがある病気や害虫に弱い場合には、なすすべもなく全滅する危険性がある。

クローンによる林分が造成されるユーカリでは、20クローン程度を扱うことでクローンとしての安定性を保つ一方で、単一クローンを扱うことによる危険性を回避する手段が採用されている[21]。さらに、採種林を設けて、多様性を維持するためのバックアップ体制も十分である。優良品種に目を奪われるばかりに、あまりに少ない数の個体だけを選抜・保存することで将来的にいわゆる近親交配を招き、実生苗の活力低下を招いてしまうことにも注意する必要がある。従って、優良母樹を複数選抜すること、可能であれば様々なクローンで構成される採種林を維持すべきである。

【高効率ウルシ林造成の具体的手法】

日本最大の漆生産量を誇る二戸市浄法寺町のウルシ林は、中国の天然分布集団よりもわずかに低い程度の十分に高い遺伝的多様性を維持していた。浄法寺町のウルシ林が今後とも遺伝的多様性が高いままで維持できれば、様々なウルシ優良品種の開発を可能とする貴重な遺伝資源に位置づけることができる。優良な品種が開発できれば、それらを遺伝資源とは別にクローン化し、安定した生産力を誇るクローン林を造成することが次の段階となる。優良品種間の交配による品種改良、すなわちウルシの交配育種はクローン化による高生産量あるいは高品質ウルシ林が達成された段階で積極的に検討すべきである。選抜育種・交配育種の繰り返しは、生産力の高い品種開発だけでなく、病虫害への耐性や、様々な環境への適応を考慮した場合にも考慮すべき必須の育種操作となる。

林木での育成には基本的に10年単位での長期的視野と戦略を必要とするのに対し、社会情勢や技術革新の変化は、過去の取り組みを簡単に否定することがある。漆生産についてもその範疇にある。実際、ウルシの優良品種選抜と育成計画に向けて各地からウルシ種苗を収集したことが文献中に残っている[22]。しかし、現在そのコレクションが保存されている記録はない。この事実を十分に省みて、高い遺伝的多様性を示す遺伝資源としてのウルシ林の維持を図ることが現時点で最も重要である。ただし、林木の保存には長期間だけでなく、管理に下刈りなどの労力が伴うことから、大規模な林分を管理することは容易ではなく[23]、今後のウルシ遺伝資源管理には、費用や労力も踏まえた現実的な取り組みが必要である。

樹木は自らで移動できないことを理由に、一度植栽すれば遺伝資源が維持できると言うのは安易な考えである。10年単位の月日は、枯損の発生などにより、どの場所にどの個体を植栽したか忘れるには十分な時間であり、管理者が交代することにより、最悪、どの場所に何を植えたか分らなくなることすらある。したがって、遺伝資源を維持しつつ、選抜育種・交配育種を繰り返し、安定した漆生産、もしくは増産を図るためのウルシ林を将来にわたって継続的に維持・発展させるための必須な事項は、しっかりとした記録を残すことである。そこで、ウルシ栽培の現状を考慮した上で、優良品種化を進めるには図8に示したような手法を提案する。ウルシ林を造成した場合には、その位置を正確に地図上に示す、各個体の植栽当時の配置図を作成する、漆滲出量の多い、あるいは漆の硬化が早い個体(優良品種)をにはきちんとしたラベルを貼付する。これらの様々な場面での記録は、造成10年・20年後、そのウルシ林を利用する生産者にとっては有益な情報になるに違いない。遺伝資源の維持のた

図8　高生産ウルシ林（優良個体集団）と遺伝資源集団（優良個体候補集団）の造成に向けた作業過程
作業の大まかな順序を１～４で示した。一つの作業をできるだけ記録していくことが大事であり、
可能であればデータベース化することが重要である。

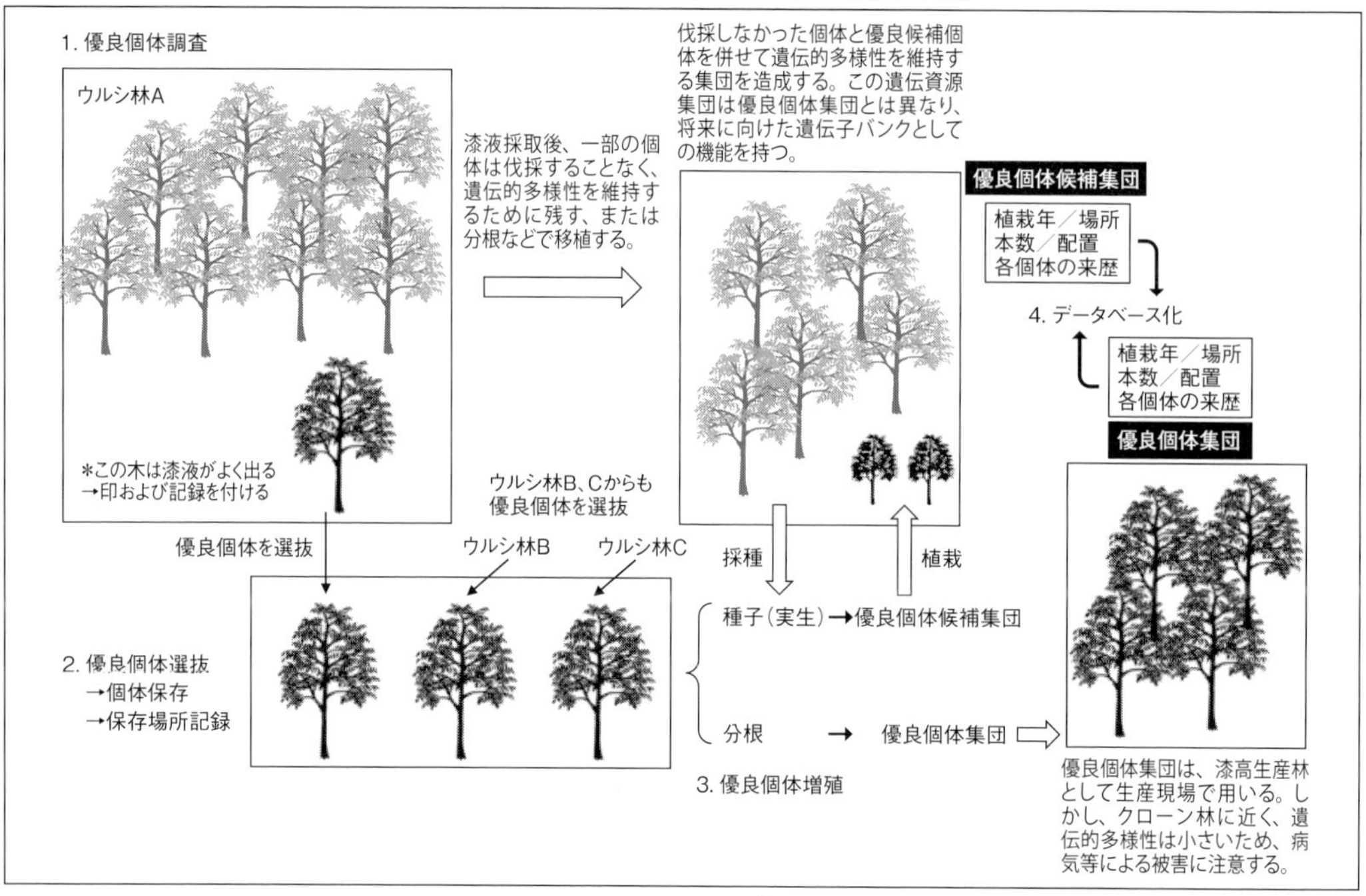

めには、実際の林分の維持だけでなく、これら記録を保存し、ウルシ林を管理するためのデータベースといったツールの積極的活用も必要不可欠である。

【長期展望に立つ優良品種育成】

遺伝的多様性が維持されていたことから、他の栽培植物同様に、ウルシについても選抜育種と交配育種を繰り返すことで極めて優れた優良品種の開発は不可能なことではない。幸いにも、多くの栽培植物の事例は、成功事例として品種改良の参考にすることができる。ただし、ウルシは樹木であり、長い時間をかけて根気よくこれらの作業を行なう必要性がある。戸田の事例[22]もあることから、個人の力だけでなく、公共機関や関連組合など育成を継続する地域単位での連携した取り組みと社会的変化も踏まえ、将来まで見通したウルシ林造成・管理のための戦略性が最も重要である。

（渡辺敦史）

ウルシ林造成のための苗の育成

新たにウルシ林を造成する場合、また漆採取後、再びウルシ林を造成する場合に植栽用の苗木を作る必要がある。そのためには、有性繁殖による種子由来の実生苗で育てる方法と、無性繁殖による分根由来の分根苗で育てる方法がある。[(1)(2)] その他に、挿し木により簡便に優良個体を無性繁殖できる苗の栽培技術の開発が試されている。

●実生苗

実生苗は一度に多くの苗を生産でき、遺伝子もいろいろな組み合わせができるため、広い面積に病虫害などに強い林を作るのに役立ち、また、様々な特性を持った漆を生産する利点をもつ一方で、分根苗に比べて発根率が低いのが課題である。実生苗を作るには、濃硫酸と温水を用いた二つの方法がある。

【濃硫酸による実生苗育成の手順】

11～12月に漆がよく採れたウルシ、あるいは漆の硬化が早いウルシなどから果実を採取する。果実は隔年、豊作になるので、豊作年を留意し、果実を採取する。採取した果実は、果皮と種子で構成されている。果皮の中にはロウ成分が含まれており、種子の発芽を阻害するため、実生苗を作るには果実からロウ成

濃硫酸による種子の脱ロウ処理

果実

乾燥した果実

果皮を除去した種子

種子の濃硫酸処理

分を十分に取り除く必要がある。

最初に、採取した果実を1か月間ビニールハウスなどで乾燥

泥落とし金具によるロウの除去

吸水・膨軟した種子

する。乾燥した果実を脱穀機と精米機で果皮と種子を分別する。その後、分別した種子を唐箕《とうみ》(籾殻を風によって選別する農具)で果皮を飛ばす。果皮を飛ばした種子を袋に入れ、通気のよい倉庫で翌年の4月まで保管する。倉庫で保管した種子は、数年間利用できるが、年々発芽力が低下する場合があるので(田端、私信)、早期に保管種子を利用することが望ましい。

4月中旬~下旬に種子が入った容器に濃硫酸(濃度98%)を入れ、10~20分間かき回しながら濃硫酸を十分からめて浸漬し、種子の表面に付いたロウ成分を除去する。その後、水の入った大きい容器に濃硫酸処理で真っ黒になった種子を入れ、水洗いをする。水の上に浮いた中身がない種子(シイナ)などを取り除いた後、ネットに入れた充実種子を泥落とし金具で研いで磨き、

実生苗と実生苗によって造成したウルシ林

実生苗

仮植した実生苗

2年生実生苗

実生根由来のウルシ林

さらにロウ成分を除く。このようにしてロウ成分を除去した種子を1～2日おきに水を交換しながら、7～10日間、水に浸す。

吸水・膨軟した種子を苗畑に播きつけ、実生苗を育成する。発芽した幼苗はそのまま播きつけした床で養成し、落葉後の11～12月に仮植する。翌春、展葉する前に床替えを行ない、1年間養成し、2年目の冬か、3年目の春に2年生苗を植栽地に植える。稀に播種後翌春の1年生苗を植栽する場合がある。(2)

【温水による実生苗育成の手順】

上記の手順で数か月間倉庫に保管した種子と木灰を1時間、60～70℃の温水に入れて種子の表面に付いたロウ成分を除去する。(2)温水処理した際に、温水の上に浮いたシイナなどの種子を取り除く。その後、ネットに入れた充実種子を泥落とし金具で研いで磨き、さらにロウ成分を除く。その後、濃硫酸処理と同様、1～2日おきに水を交換しながら、7～10日間、水に浸しておいた後、苗畑に播きつけ、実生苗を育成する。温水法は安全で、廃液処理の問題はないが、濃硫酸の方法に比べて発芽率が低い欠点がある。

雌花に訪花したセイヨウミツバチ

実生苗によるウルシ林の造成は、国産漆の7割を占める岩手県二戸市で行なわれている。よい果実を得るには確実に授粉が行なわれ、結実する必要がある。そのための条件を調べた結果、ウルシにはセイヨウミツバチやコハナバチ類などが訪花し、授粉に関わっていることが明らかになった。(2)

●分根苗

分根によって漆の採取量が多く、成長が早く、揃ったウルシ苗を育成することができる。しかしながら、一本の母樹から増やせる数が限られており、体質が均質(遺伝的に同一)になっていることから、一度病虫害がウルシ林で発生すると、瞬く間に林内に被害が拡大する危険性がある。

【分根苗育成の手順】

分根を採るために、漆液を採取し終わったウルシ林から母樹を選抜する。漆液がよく採れ、樹皮がなめらかで傷を付けやすいウルシ、あるいは漆の硬化が早いウルシなどを母樹として選び、テープで目印を付ける。

漆掻き後に高齢木や漆掻き後の木から分根を採取すると、分根の発根や成長がよくないので(田端、私信)、できる限り漆掻き後は分根の採取を避ける。例えば、茨城県では漆掻き後翌々年の3月20日前後(彼岸の頃)に、目印を付けた母樹の根を掘り取る。採取する分根の大きさは、鉛筆サイズ(太さが1㎝前後、長さ15㎝)が最適である。

採取した分根は地面に垂直方向よりやや斜めに、30㎝間隔で挿し付ける。そして、地上の切口が隠れる程度に覆土する。挿し付けた分根と土壌の間に空隙ができないように、軽く土をおさえることが重要である。

母樹と分根

選抜した母樹

掘り出した母樹の根

採取した分根

分根苗と分根苗によって造成したウルシ林

分根苗

2年生分根苗

挿し付けた分根からは4週間程度で、新しい芽が伸長し、秋までには山に植栽可能な苗木となる。より優良な分根苗を育成するため、育成した分根苗の中から成長がよい苗木を選び、上記の手順で再度分根苗を育成する。(2)

分根苗由来のウルシ林

分根苗によるウルシ林の造成は、国産漆生産第二位の茨城県の他に、京都府福知山市や徳島県三好市などで行なわれている。

（田端雅進）

植栽と保育管理

●ウルシの植栽適地

【適地適木とウルシの植栽】

林業関係者の間で古くから馴染みのある言葉として、「尾根マツ、沢スギ、中ヒノキ」というものがある。これは、その場の土地の地形や土壌などの立地条件を考えて、その土地に適した樹木を選んで植栽することが造林を行なう上での原則であるという、長年の経験から培われた「適地適木」の基本を表した言葉である。ウルシを植え、健全なウルシ林を造る場合にも、当然、この原則は当てはまる。「適地適木」の原則から外れて造林を進めると、その後の保育や管理に悪影響が及ぶだけでなく、最終的な目的である漆の採取が困難になる。

近年、国宝や重要文化財の保存・修復のために国産漆の需要が増した[1]ことを受けて、ウルシの植栽面積は増加している。[2]さらに、農村の高齢・過疎化に伴って増加している遊休農地の再生・利用の推奨や、減反政策に伴う主食用米からの作付転換の増加[3]を背景に、過去に農地として利用されていた土地にウルシが植栽される事例が増えていると考えられる。しかし、実際にウルシを植えてみたものの、その後に枝先が枯れる「梢端《しょうたん》枯《が》れ」が発生したり、場合によっては枯死したりする事例も少なくなく、必ずしもウルシの生育が順調でない林が各地で散見されている。こうしたことから、ウルシの植栽適地を検討する必要が生じている。

【既往報告にみる適地条件】

ウルシの植栽適地については、戦後以降の種々のウルシ植栽の事業実績から多数の報告がある。[4~14]

それらでは、適地の条件として「日当たりが良好で、風通りも良く[9][5]」、「水が停滞せず、排水が良好で肥沃な所である[9][5][10][12]」としている一方で、「あまり土壌が乾燥せずに[10][12]」、かつ「土が軟い[10]」あるいは「表土が30㎝以上と深い[11]」所がよいとされている。適地の気象環境や土壌水分条件は、共通した見解が述べられていた。

一方、土性については、小野や伊藤[9][5]は「水が停滞しない砂礫壌土」で「秩父古生層のような石灰質分を含み、小石混じりの壌土がもっとも適当である」とし、岩村[12]は「粘質な土壌では成長が思わしくなく、やや砂質な土壌で良い成長を示す傾向にある」と記している。これらの記述とは異なり、千葉[11]では「埴質または砂質がかった壌土が良い」とし、植栽適地の土性として植壌土を許容し得る記述がなされ、土性についての統一的な見解がない。土壌酸度（土壌pH）に関しても、高野[10]は、ウルシは「土壌的にも、酸性に弱く、(中略)うまく育たない」としているのに対し、千葉(11)では植栽適地の選定基準として「(土壌) pHは4.5〜5.5とする」、高野(10)や徳島県央林水産部林業課(14)では「強酸性(の土壌)は避け、中性に近い土壌を好み、6.0〜6.5くらいまで(pHを)矯正し易いところ(立地)が良い」と記されており、この点も見解が統一的でなく、十分な知見は得られていない状況にある。

このことから、調査データに基づいた植栽適地の条件の整理が必要である。ここでは、筆者らの報告(15)をもとに、ウルシの植栽適地と不適地の土壌条件について、調査データを参照しながら整理したので、その結果を以下に紹介する。

【ウルシの生育と土壌】

日本国内で代表的な漆生産地4地域におけるウルシ植栽地の土壌の様子を写真1に示す。写真1a、bは北海道網走市(それぞれ、網走1と網走2)、写真1c、dは岩手県二戸市(浄法寺1と浄法寺2)、写真1e、fは山形県真室川町(真室川1と真室川2)、写真1g、hは石川県輪島市(輪島1と輪島2)である。これらは、それぞれの漆生産地において、生育が良好な林分(調査地名のうしろに1と附記)と不良な林分(同2と附記)を対になるように選定し、実施した土壌調査時の調査坑を撮影した土壌断面の写真である。

それぞれのウルシ植栽時の状況やその後の生育など、各林分の概況は表1のとおりであった。いずれの調査地も、水田または畑地、あるいは草地からウルシ林への土地利用の転換がなされた履歴を有している。それらの土壌には、過去の農業生産活動に伴う作土層の痕跡や、その後の土地利用転換に伴った土壌

1a 網走1

1b 網走2

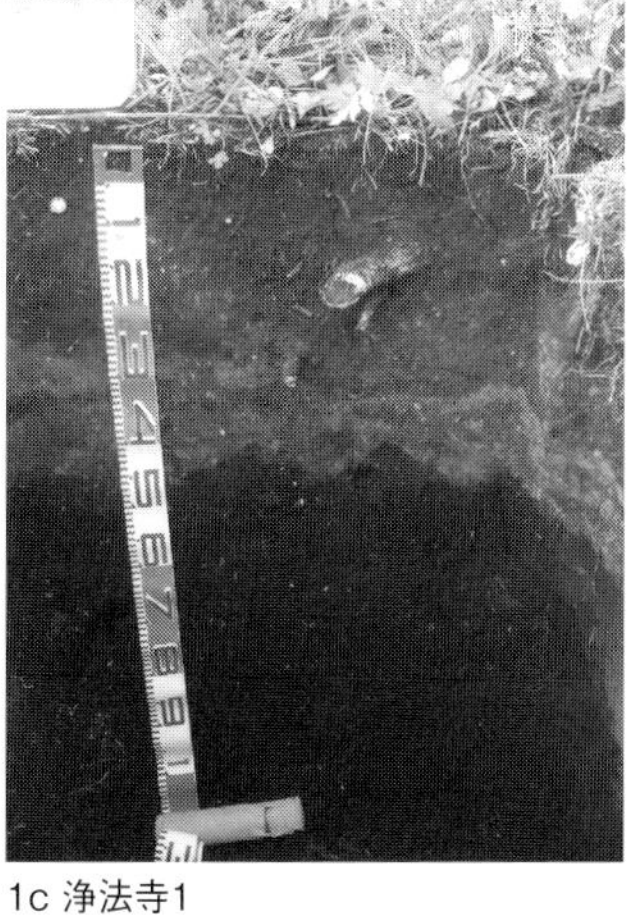
1c 浄法寺1

1d 浄法寺2

写真1　ウルシ植栽地の土壌断面

改変など、土壌攪乱を伴う強い人為的影響が確認された。

各植栽地の地形は、畑跡地であった生育良好地の林分（真室川1、輪島1）ではほとんど傾斜がないほぼ平坦面、牧草地跡地の林分（網走1、浄法寺1）では11～16°程度の傾斜地の斜面上・中部であった（表1）。一方、生育が不良な林分では、ウルシ植栽以前の土地利用が水田（真室川2、輪島2）、または斜面下部に位置した牧草地（網走2、浄法寺2）であり、牧草地の斜度も0～5°と傾斜が緩く（表1）、いずれも水が停滞しやすい、斜面下部の過湿な土壌環境であった。生育不良地のうち、真室川2、網走2、浄法寺2の土層の下層部には土壌中の停滞水が湧水する様子が確認された。また、輪島2、網走2、浄法寺2の土壌層には作土層の下部（20～30cm以深の土層）には、非常に堅密な硬い（山中式土壌硬度計の読み値が22mm以上）土層が存在した。こうした状況から、生育不良地の土壌は、総じて排水不良、または透水不良であり、通年もしくは季節的に、一定期間、土壌中に水が停滞するために生成される「グライ土」や「泥炭土」に相当する特徴を示すこと[16]が多く、ウルシ植栽に適さない土壌条件であることが示唆された。こうした土壌断面の観察結果を支持するように、生育不良

1e 真室川1

1f 真室川2

1g 輪島1

1h 輪島2

写真1（続）　ウルシ植栽地の土壌断面

写真2　梢端枯れや枯死がみられたウルシ林分（写真：田端雅進）

表1　日本を代表するウルシ植栽地の土壌調査箇所における林分の概況[15]

調査地名	真室川1	真室川2	輪島1	輪島2	網走1	網走2	浄法寺1	浄法寺2
	山形県真室川町		石川県輪島市		北海道網走市		岩手県二戸市	
緯度	38°50'5''	38°55'15''	37°26'31''	37°20'26''	43°55'57''N	43°55'56''N	40°11'24''	40°11'25''
経度	140°16'6''	140°16'20''	137°3'5''	136°50'9''	144°17'34''E	144°17'46''E	141°7'17''	141°7'20''
標高	123	140	85	110	11	48	294	288
林分面積(ha)	0.13	0.14	0.10	0.08	0.5	0.25	合わせて4.00(同一林分)	
植栽本数(本)	390	33	98	80	400	200	合わせて4316(同一林分)	
植栽密度(本/ha)	約3000	230	1000	1000	816	816	1079	1079
生育状況	良	不良 全植栽木が梢端枯れ	良	不良 植栽木の4割超が枯死	良	不良 梢端枯れ、枯死	良	不良 梢端枯れ
平均胸高直径(cm)	23.9	5.1	11.3	5.1	12.1	11.1	9.7	4.3
平均樹高(m)	14.7	3.2	6.6	3.5	7.7	5.8	13.9	7.1
林齢(年)	約30	3	7	3	23	21	23	23
傾斜(°)	0	0	0	0	11	2	16	5
施肥の有無	不明	あり	不明	不明	あり	あり	あり	あり
土地利用の前歴	畑	草地→水田	畑	水田	牧草地	牧草地	牧草地	牧草地
表層地質	段丘堆積物	海成層 泥岩	海成層 珪質泥岩	非海成層 砂岩・泥岩	デイサイト・流紋岩・大規模火砕流	デイサイト・流紋岩・大規模火砕流	デイサイト・流紋岩・大規模火砕流	デイサイト・流紋岩・大規模火砕流
有効土層深(cm)	105	55	85	25	110	95	110	105
土壌型	黒色土	未熟土	褐色森林土	未熟土	褐色森林土	泥炭土	黒色土	黒色土
土壌調査日	2017.5.16	2016.8.24	2016.10.18	2016.10.19	2012.10.25	2012.10.26	2012.10.14	2012.10.15

な林分ではいずれの箇所でも梢端枯れに加え、輪島2や網走2では植栽木の枯死が確認された(写真2)。

生育良好地の土壌は、過去の土地利用時の作土層はもとより、その作土層の下の土層まで土壌が比較的軟らかで(山中式土壌硬度計の読み値が14㎜未満)、生根が支障なく伸張しえる「有効土層」が不良地に比べ厚い傾向にあった。この有効土層の厚さは概ね60㎝程度で、厚いところは100㎝超の場合もあった。実際に、生育が良好な真室川1、輪島1、浄法寺1の土壌では、それぞれの対となる生育不良地(真室川2、輪島2、浄法寺2)の土壌に比べて、生根が相対的に土層深くまで伸張していることが確認された。また、土壌の容積重と固相率に関しても、生育良好地は不良地に比べ、低容積重で低固相率であった(図1、2)。

このことから、生育良好地の土壌は、固相部に比べて土壌孔隙が多く、そのために透水・排水性とともに通気性も良好で

図1 ウルシ植栽地土壌における容積重の鉛直分布(0〜70 cm深)

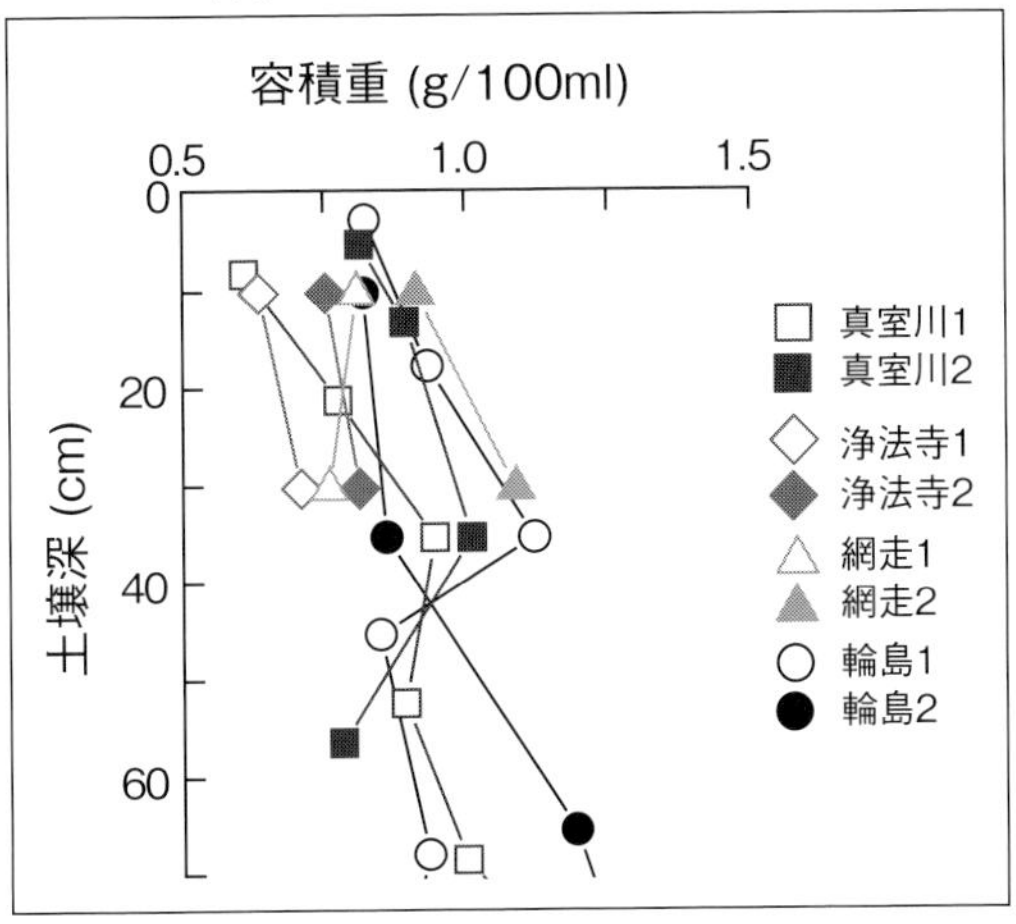

あり、不良地に比べると好気環境にあることが示唆された。さらに、良好地の土壌は、保肥(養分保持)力の指標である陽イオン交換容量(Cation Exchangeable Capacity: CEC)も高いことが分った(図3)。土壌の断面観察の結果、生育良好地の土壌は「適潤性褐色森林土」(輪島1、網走1)、あるいは「適潤性黒色土(黒ぼく土)」(真室川1、浄法寺1)に該当する特徴[16]を有していた。以上の結果は、これまで経験的にいわれてきた「ウルシは養分に富み(肥沃で)、軟らかい表土が深く(有効土層が厚く)、排水が良好で、乾燥し過ぎない適潤な土地を好む」というウルシ植栽適地の条件とよく一致していた。

一方、既往報告では土壌酸度(pH)や土性に関して、適地の土壌条件としての種々の記述があった。ウルシ植栽地の土壌断面全体の土壌pHは、生育良好地では4.5〜6.7、不良地では5.1〜6.6の範囲にあった(図4)。この結果によると、土壌pHが4.5〜7程度の弱酸性から中性の範囲であれば、ウルシの生育の良否には関係しないと考えられた。土性に関しては、土性によって土壌の物理性が異なり、その透水・排水性も大きく影響を受ける。一般に粘土含量が多い埴質な土壌ほど孔隙量が少なくなるため[17]、既往報告の中でも、植栽適地について土性の基準化が試みられてきた背景があると考えられる。筆者らでは[15]、特にウルシの根が旺盛に発達する表層土壌に注目してみると、ウルシ生育の良否にかかわらず、埴壌土〜埴土(真室川1、真室川2)、埴土(輪

図2　ウルシ植栽地土壌における
孔隙率の鉛直分布(0〜70 cm深)

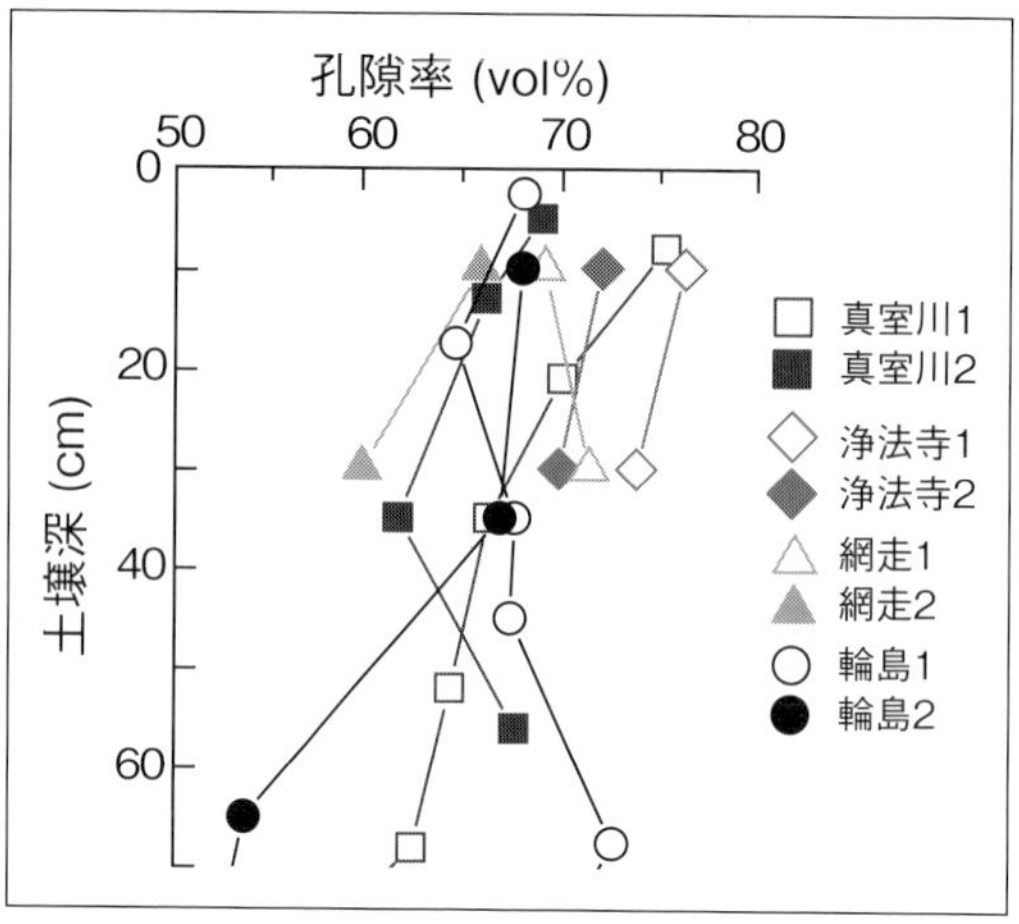

図3　ウルシ植栽地土壌における
陽イオン交換容量の鉛直分布(0〜70 cm深)[15]

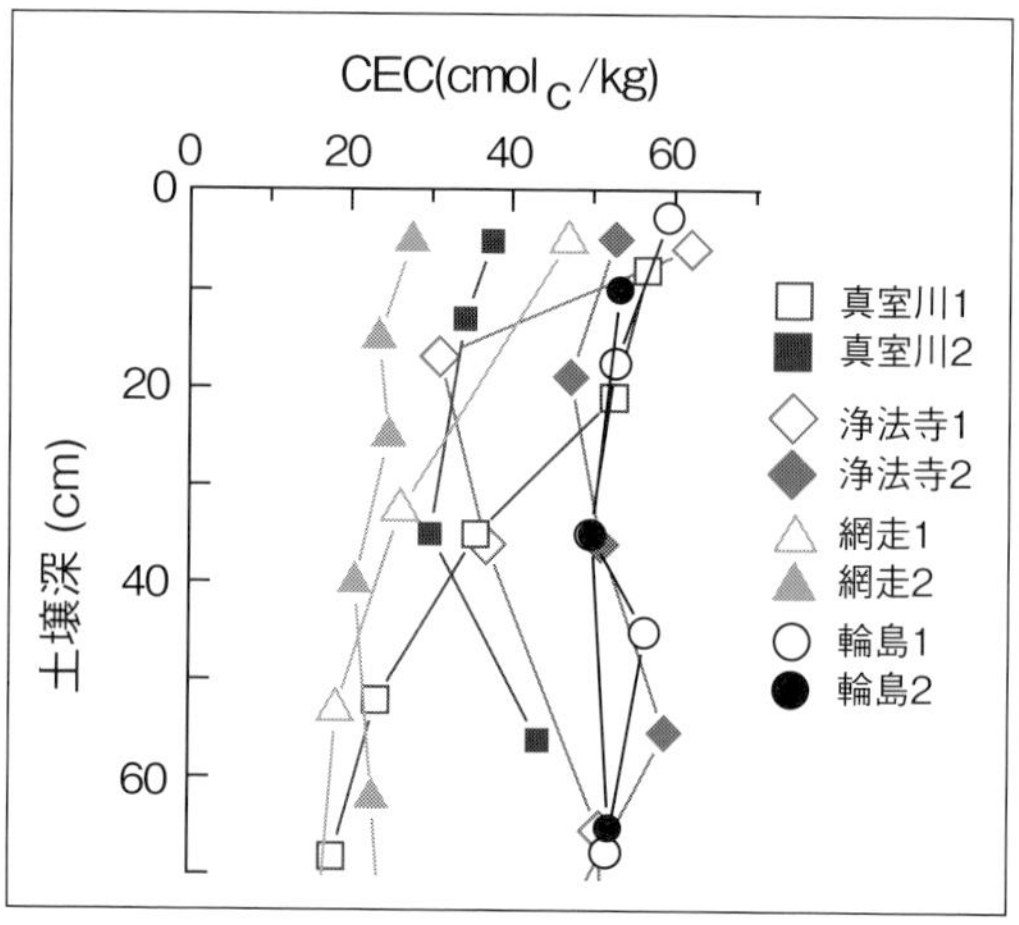

図4　ウルシ植栽地土壌における
土壌酸度(pH)の鉛直分布(0〜70 cm深)[15]

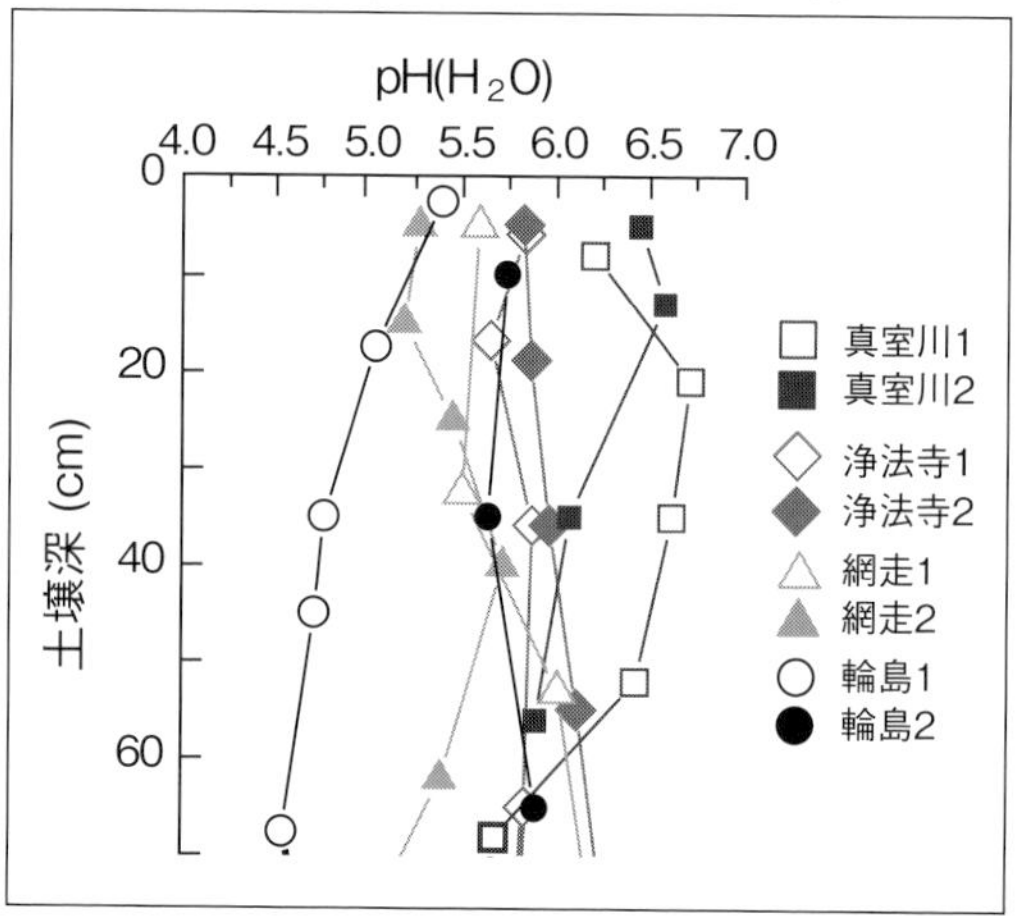

島1)、埴土〜微砂質壌土(輪島2)、砂質壌土・微砂質壌土(網走1、網走2)、微砂質壌土・微砂質埴壌土(浄法寺1、浄法寺2)であり、各植栽地で多様な土性により構成されていた。この結果からすると、必ずしも砂礫壌土や砂質壌土がウルシの植栽適地としての必須な条件ではないことが示唆された。

【健全なウルシ林造成のための留意点】

農業の現場にも「適地適作」と言う言葉がある。これは土壌や気象等、その土地の自然環境にあった樹種や作物を選定して植栽することの重要性は農業も林業も共通であることを示している。ただし、田んぼや畑のように、毎年、耕耘や灌漑、施肥などの土壌改良が行なうことができる農地とは違って、林業の場合造林地に一度樹木を植えてしまうと、それらを伐採して収穫するまで土壌改良を行なうことが困難であることに留意が必要である。また、林地では土壌に含まれる栄養が足りないからといって施肥を行なうことも極めて稀である。さらには、収益面からもとても厳しい環境にあることを肝に銘じておく必要がある。すなわち、植栽を行なう前にその土地がウルシの適地であるか否かを判断すること、つまり「適地適木」の原則は、農地よりも極めて厳格に求められる。

特に近年、主食用米の生産からの作付転換の推奨や遊休農地の発生防止の対策などの農業政策の影響から、その対象としてウルシが選択される場面も増えてきていることから、ウルシを植栽する際にはその土地が過去にどのような利用がされてきたのか、土地利用の履歴に留意することが肝要である、具体的には、水田として利用されていた所や斜面下部の水が停滞するような場所は、植栽不適地である可能性を鑑み、ウルシを植栽することを避け、「土壌養分に富み、軟らかい土が深く、排水は良好でありつつ、乾燥し過ぎない適潤な土壌」の場所を優先的に選ぶべきである。

(小野賢二)

●植栽管理

【植栽本数】

ウルシは陽樹のため、植栽地において植栽木が成長するにつれて光の取り合い競争が行なわれる。そのため、植栽木間の成長を阻害しないように適正な本数密度で管理することがウルシ栽培では大事である。平均胸高直径と適正な本数密度の関係は次頁の図5のようになると考えられる。このグラフの曲線より左下側領域(灰色斜線領域)の平均胸高直径と適正な本数密度の関係でウルシ林を管理することが重要である。[(1)]

われわれが青森・岩手・新潟・茨城の4県のウルシ植栽地において調査を行なった結果、成長が良好な林分において胸高直径10cm時の立木本数が1022〜1267本/haになっている

図5　胸高直径と適正立木本数の関係

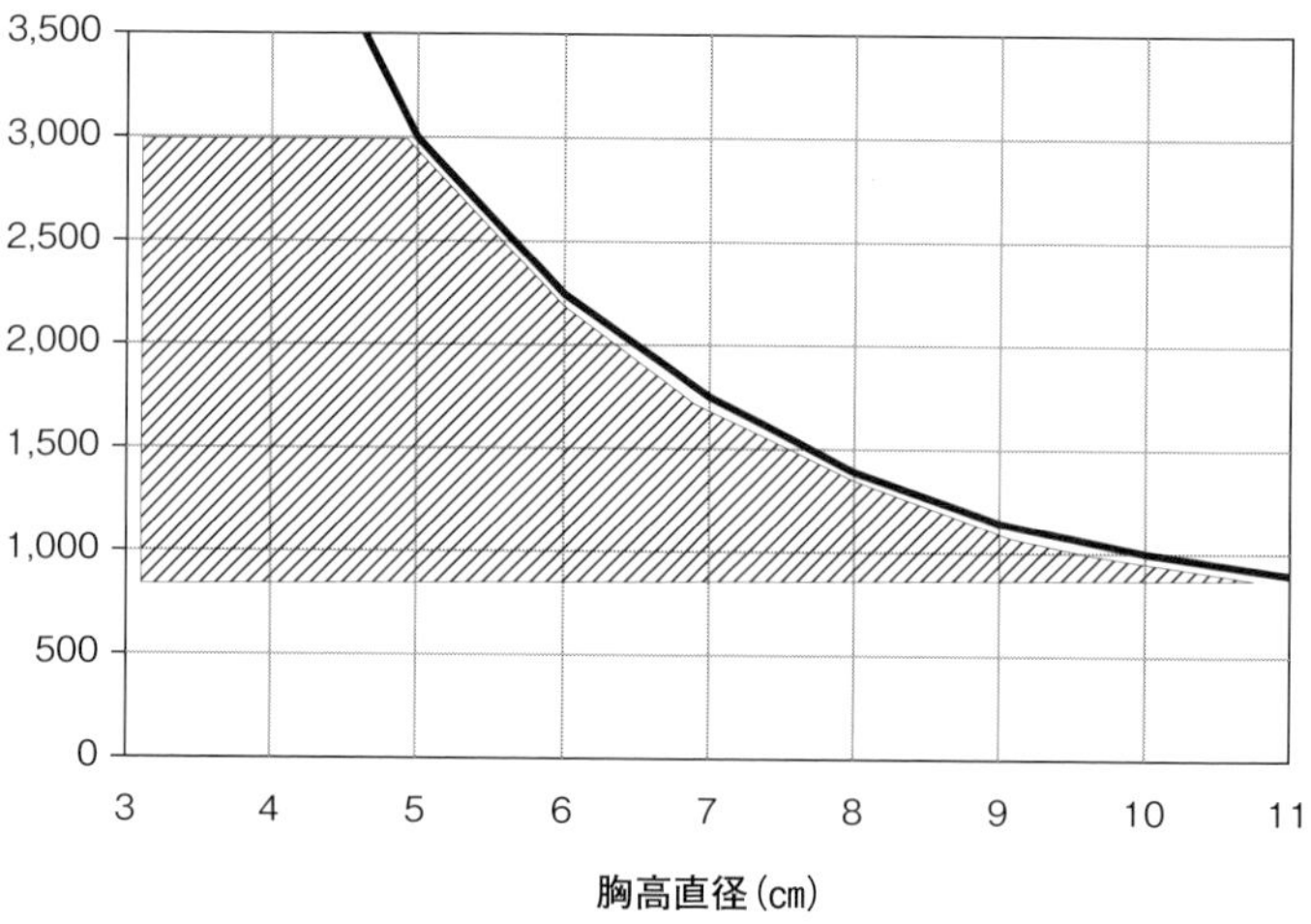

ことが明らかになった。

上図と調査の結果からウルシを植栽する場合、800～1200本／haが合理的と考えられる。

なお、2013年度において、全国のウルシ植林地でウルシを造林補助金の対象樹種としている都道府県は22都県である。各都県で、補助対象となる単位面積当たりの植栽本数は、異なっており、最低植栽本数は1000本／ha未満が2県、1000本／ha以上が11都県、1500本／ha以上が3県、2000本／ha以上が6県となっている。造林補助金を希望する場合には、都県により補助対象条件が異なることから、事前に関係する行政機関への確認が必要である。

【植栽時期、施肥および植栽方法】

植栽時期、施肥、植栽方法は以下のとおりである。

一般的に植栽時期は、東日本で芽が出る前の3月下旬～4月上旬である。まれに秋に植栽することもあるが、その時期は11月上旬～下旬で植え付けるようにする。

化成肥料と油かす

施肥は、植栽する場所が以前に耕作されていたかどうかにより異なる。耕作されていなかった場合には植栽前に完熟たい肥と苦土石灰を撒いて耕作し、苗を植え付けた後の6～7月にウルシ苗1本あたり化成肥料と油かすをそれ

植え付け作業

ぞれ50gずつ苗の周辺に追肥する。一方、耕作されていた場合には完熟たい肥と苦土石灰は施用せず、化成肥料と油かすだけを撒く。ウルシを植栽して2～3年まで、化成肥料と油かすを連用する。なお、植栽後に苗木の成長を促す目的で、地表に未熟たい肥を散布した際に苗木が枯れる事例があったので、未熟たい肥の施用には留意する必要がある。

植栽本数を1ha当たり800～1200本にする場合、ウルシ苗を植え付ける間隔は2.9～3.6mとする。苗の植え付けは約30cmの深さに土を掘り、まっすぐに苗を置く。その後、土をかぶせ、土を軽く足で踏みながら一周し、その上に軽く土をかぶせる。

下刈り

下刈り作業は、植栽木が周囲の雑草類から被圧されなくなるまで、4～5年間必要である。実施回数は、最低年1回必要であり、植栽地の状況により、年2回の下刈りや、根元の坪刈りなどを追加して行なう。また、植栽本数を1000本／haとした場合、雑草類の被圧域から脱した後も樹冠が閉鎖するまで9年間位はかかることから、6年目以降もつる被害や穿孔性害虫を回避するため、根元周辺の刈り払いを毎年実施することが重要である。

つる植物(ミツバアケビ、クズ、フジ、イワガラミなど)は、通常下刈り作業を実施している場合は繁茂することはほとんどないが、下刈り作業を4～5年間で取り止めた時には、その後1年に1度以上程度ウルシ林を見回り、つる植物を除去する必要がある。つる植物の被害は、陽光遮断が原因の光合成阻害による成長阻害や、幹への巻き付きによる雪折れの原因となる。つる

ミツバアケビによって成長を阻害されたウルシ

イワガラミによって成長を阻害されたウルシ

ササ類によって成長を阻害されたウルシ

被害の対策として、つる植物が大きくなる前に根ごとに引き抜くことが重要である。

一方、ササ類がウルシ林に生育している場合、ウルシの生存率を低下させることから、ササ類が密生している場所には植栽しないか、あるいは除去作業後に植栽することが重要である。

【立地環境および林分状況と木の成長】

これまでにウルシ植栽地の条件と成長に関する調査事例はいくつか報告されている。伊藤は[2]、詳細な調査データはないものの、福島県と熊本県のウルシの成長の比較から、温暖な地域で成長が良好だった可能性を指摘している。また、岩手県において漆掻きは掻く木の胸高直径が約10㎝を目途に行なわれるが(泉、私信)、泉は[3]植栽密度が1ha当たり約2500本、樹齢12年で胸高直径がその大きさに達することを明らかにしている。さらに青森・福島県の報告[4][5]においては、林齢が11年以下のウルシ植栽地の成長について詳細な調査報告がなされている。

一方、ウルシ個体の胸高直径と漆滲出量との関係から、ウルシは胸高直径が大きくなるほど漆滲出量が多くなることが明らかにされている[6][7]。また高野は[8]、樹齢10年生で胸高直径10㎝の木よりも樹齢15年生で胸高直径15㎝の木の方が2・25倍の漆滲出量があり、漆掻きに有利であるとしている。こうしたことから、ウルシ植栽適地を判定する際には漆掻きに有利な15年生以上の樹齢を対象とすることが重要と考えられるが、上記のような報告からは十分な知見は得られていない。そこで漆生産の大半を占める青森・岩手・新潟・茨城の4県において、15年生以上の

図6　ウルシ調査地[9]

図中の白丸は調査地の所在する市町村の位置を表し、数字はそこに位置する調査地数を表す。

図7　樹高、本数密度および林齢と胸高直径の関係(9)

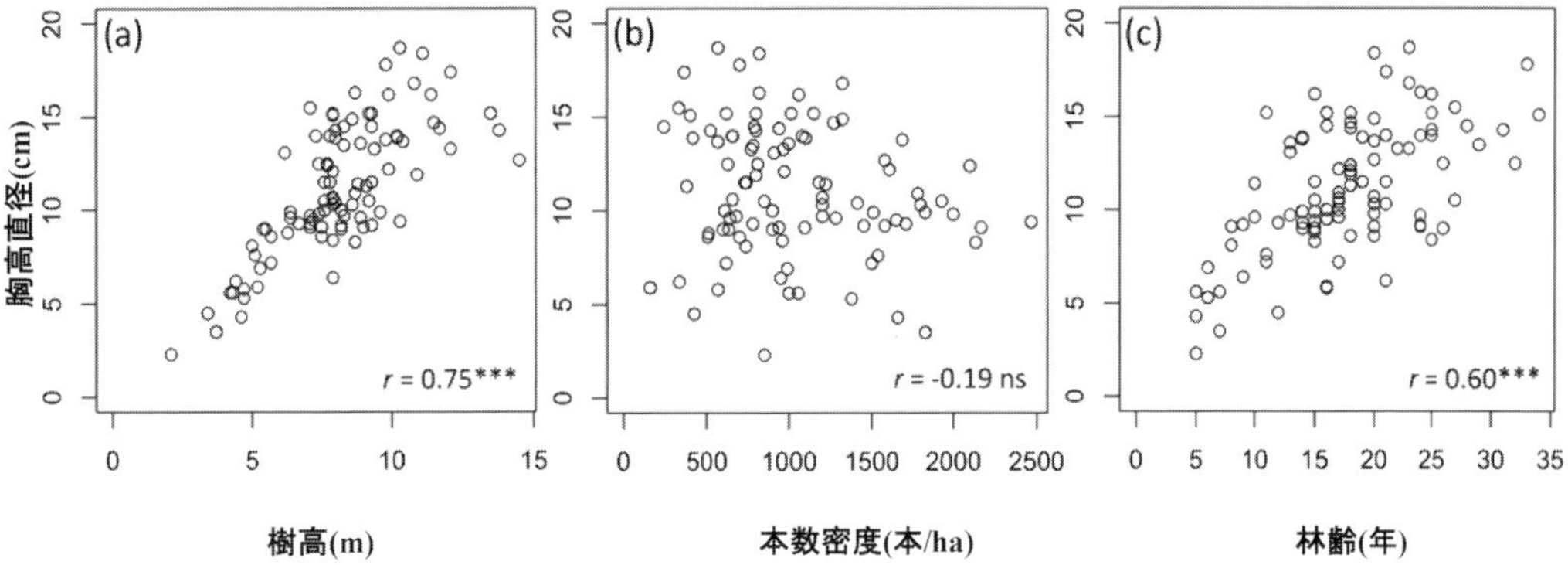

ものを含む多数のウルシ林分に調査地を設け(図6)、調査地ごとのウルシの成長、立地環境および林分状況の調査を行なった。

その結果、樹高、胸高直径、本数密度および林齢の範囲はそれぞれ2.3～18・7ｍ、2.1～14・5㎝、158～2466本／haおよび5～34年であった。樹高と胸高直径および林齢と胸高直径の間には各々有意な正の相関がみられたが、本数密度と胸高直径の間は有意ではなかった(図7)(9)。

次に、赤池情報量規準(10)に基づくステップワイズ法によって変数削減を行ない、ＡＩＣの値が最小になるモデルを選択した。その結果、直径成長量が最大となる最良のモデルとして、つる被害割合、平均気温、最大積雪深の3変数を説明変数としたモデルが選択された。一方、固定効果のうち本数密度、斜面方位および土壌群ならびに変量効果である県の効果は含まれなかった。選択されたモデルは次式のとおりである。

$$dbh = \exp(-0.781 + 0.0489\,temp - 0.000814\,snow - 0.512\,ivy + \log(age))$$

ここでｄｂｈは胸高直径(㎝)、ｔｅｍｐは平均気温(℃)、ｓｎｏｗは最大積雪深(㎝)、ｉｖｙはつる被害割合、ａｇｅは林齢(年)である。平均気温で有意な正の係数、最大積雪深で有意でないが、負の係数が示された。本研究においても伊藤の報告(2)と一致する結果が得られるとともに、より高齢の林分に対しても同様の傾向が当てはまることが示唆された(9)。

以上のことから、ウルシの植栽を行なう際には生育に関わる気温や積雪深も考慮する必要がある。

(田中功二)

●萌芽更新

【ウルシの萌芽特性】

漆採取を終えた木は、その年の冬、または翌年春に伐採される。しかし、伐採後に発生する萌芽を利用することでウルシ林を再生することができる。

ウルシはコナラなどとは異なり、伐り株だけでなく、その根の分布範囲の土中の根から萌芽枝が発生する特性を持っている。[(1)〜(4)] 伐り株から発生する萌芽枝を「幹萌芽《みきぼうが》」と称するのに対し、土中の根から発生する萌芽枝を「根萌芽《こんぼうが》」という。[(5)] ウルシの幹萌芽は、地面からやや高い位置(地上50㎝)で幹を伐採すると発生しやすい[(6)]が、通常の高さ(地上10㎝程度)では幹萌芽は発生しない場合が多く、樹齢50年以上の太い木(高齢木)ほどその傾向が強いと思われる(小谷、私信)。一方、根萌芽は年齢に関係なく発生し、太い木ほど根の分布範囲が広いため、より広い範囲で発生する。[(6)] 根萌芽を発生させる樹種として

掻き終えたウルシの伐倒

幹萌芽

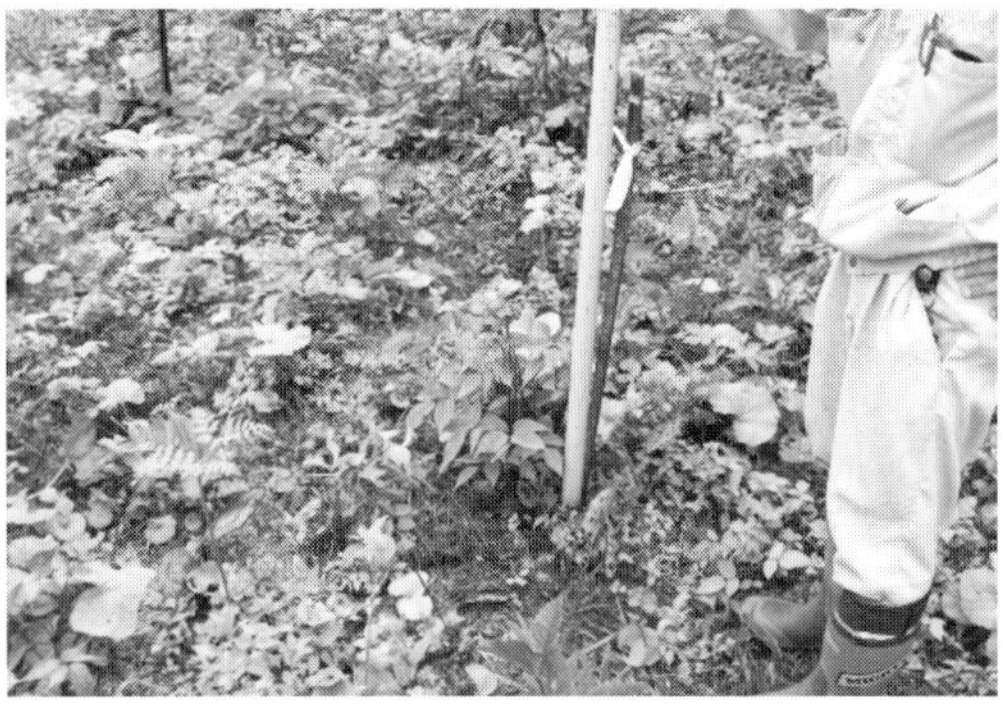

根萌芽

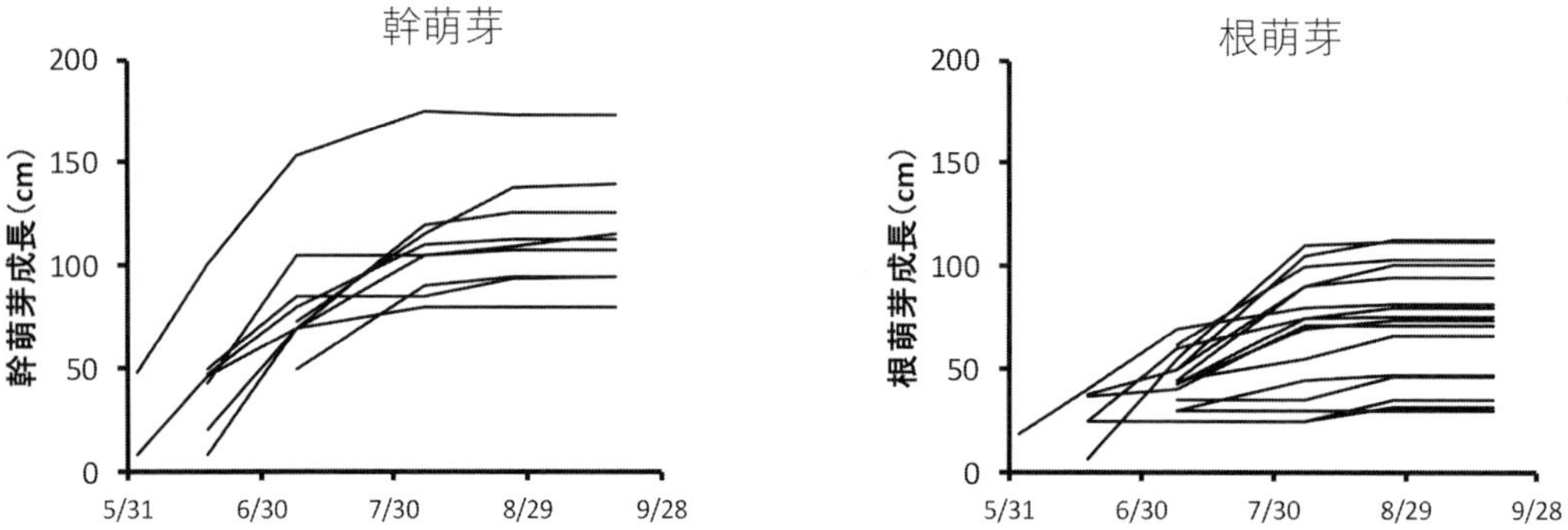

図8　伐採後に発生するウルシの幹および根萌芽の樹高成長経過——輪島市町野町真喜野の事例——

図9　各処理区の樹高と地際直径の推移(8)

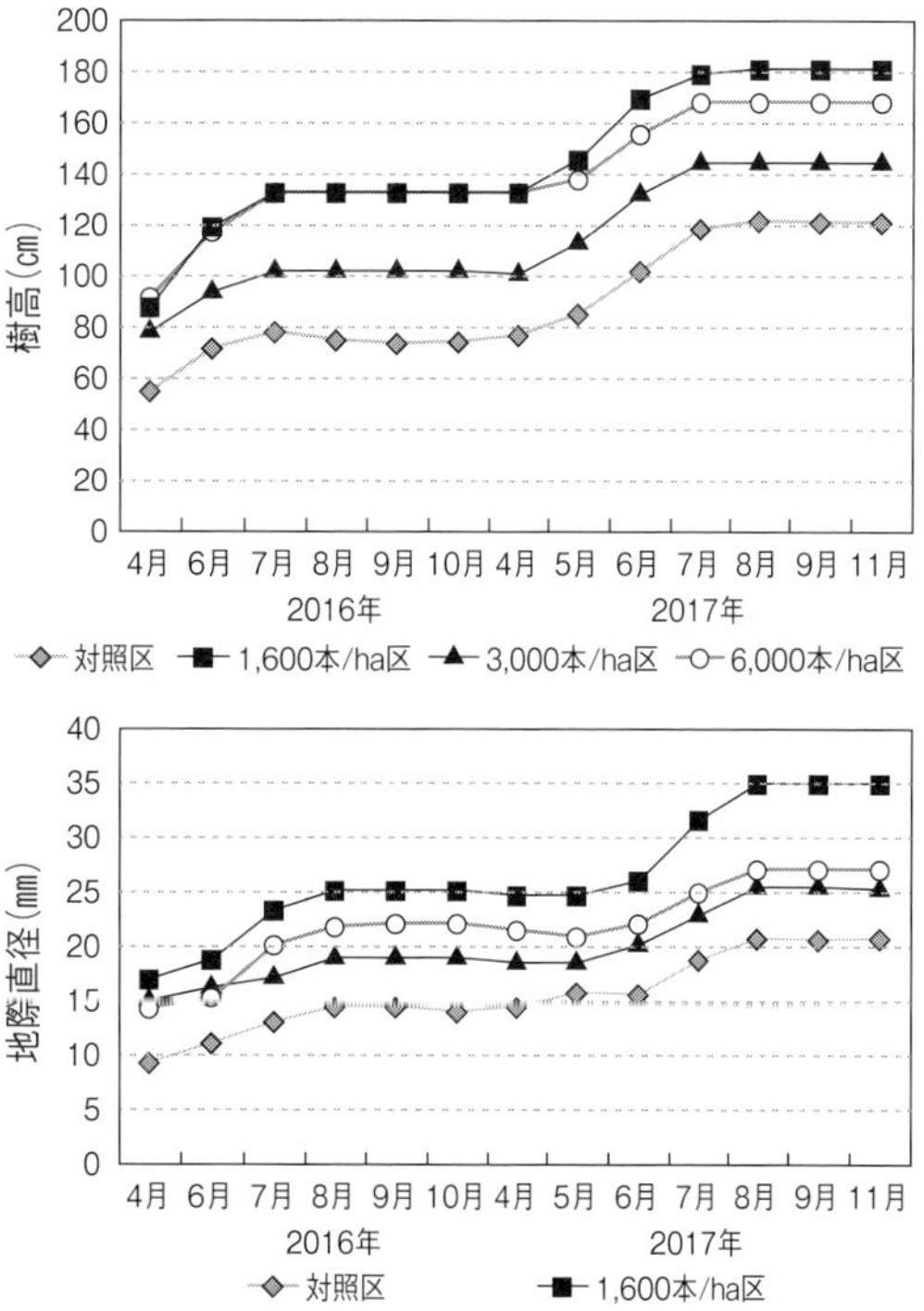

は、ウルシの他に、ニセアカシア、クサギ、アカメガシワ、ヤマナラシなどが知られている。[7] 輪島市町野町での調査の結果、ウルシの萌芽枝の発生初期における幹および根萌芽の成長は、7～8月ころまで続くようである（図8）。また、二戸市浄法寺町で調査した根萌芽の成長では、樹高が7月まで続いたのに対し、地際直径は8月まで続いた[8]（図9）。

【萌芽枝発生のための地拵え】

根萌芽は伐り株を中心に放射状に発生し、伐り株に近い所ほど多数発生する傾向にあるが、遠いものでは株から3m以上離れた場所からでも発生する。[6] したがって、伐採の木の幹や枝は、生育の支障にならないように伐り株周辺には残さないようにし、なるべく林外に持ち出すか、一定の決まった場所に積み重ね、萌芽枝の発生面を確保する必要がある。

萌芽発生初期における下刈り

下刈り後に発生した根萌芽の竹支柱による目印

【萌芽枝の保育】

初年度の萌芽枝は、ほとんどが5月以降の発生となるため（図8）、林地はすでに雑草に覆われた状態となり、その被圧で生育不良となる場合がある。特に、根萌芽は発生箇所がランダムな上、大きさにばらつきがあるため、雑草木の下になっているものが多い。そこで、萌芽枝の発生初期前後に、林地全面の雑草の刈り払いを行なっておくと発生した萌芽枝が目に付きやすく、雑草による被圧も受けにくい。その後は状況を見ながら、適宜下刈りを行なうことが望ましい。発生した根萌芽に竹支柱などで目印を付ければ、その後の管理もしやすい。２年目以降も数年下刈りを継続する必要がある。ただし、植栽木に比べ初期成長が速いため、早めに切り上げることが可能である。

（小谷二郎）

【萌芽枝の本数密度と胴枯病への影響】

クヌギやコナラは幹萌芽を発生させ、根萌芽が出ない樹種であるのに対し、ウルシは幹萌芽の他に、根萌芽を発生させる樹種である。[7] ウルシで萌芽更新を検討する場合は根萌芽も含めた密度調整を考える必要があるが、これまでウルシの萌芽に関する研究はほとんど見当たらない。

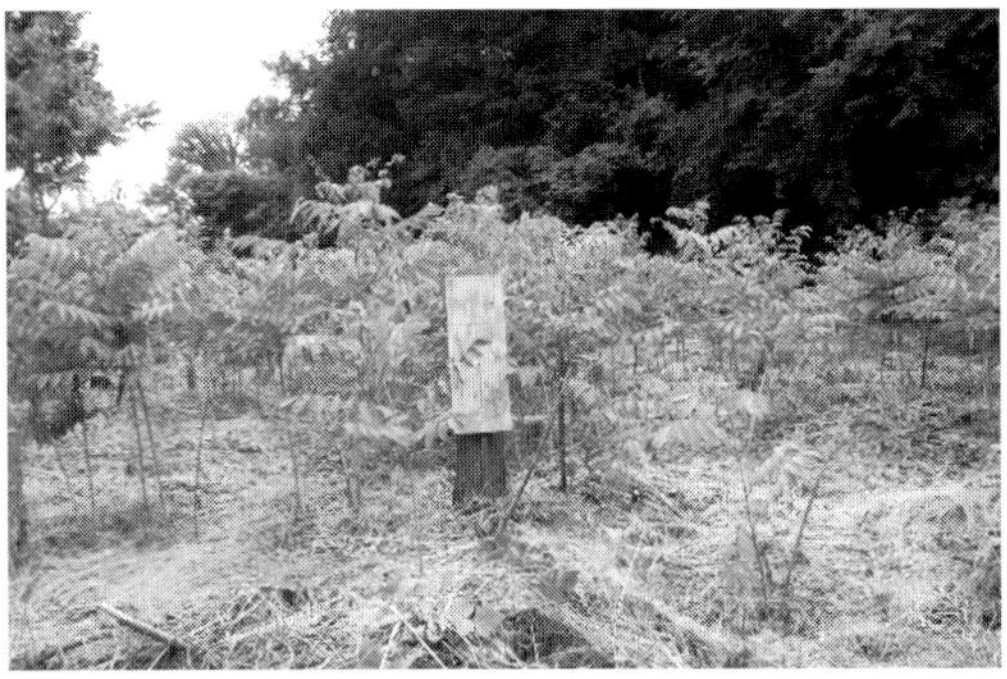

発生後1年経過した根萌芽――1ha当たり1万本以上成立する――

5年経過した萌芽再生林

一方、岩手県や青森県などのウルシ植栽地や萌芽更新地ではディアポルテ・トキシコデンドリ（*Diaporthe toxicodendri*）によって引き起こされる胴枯病が発生し、重大病害と考えられている。[8][9] ウルシ萌芽更新で密度調整の本数や時期を決定する際に、胴枯病による枯死率や萌芽に対する成長阻害を明らかにするため、萌芽更新初期林分で、萌芽木の成長に与える胴枯病の影響を評価する必要がある。

そこでウルシ萌芽木の成長に及ぼす本数密度と胴枯病の影響を明らかにする目的で、ウルシ林伐採後の萌芽更新地に密度調整区（対照区、１６００本／ha区、３０００本／ha区、６０００本／ha区）を設置し、密度調整後２年間にわたり樹高、地際直径および胴枯病被害を調査した。調査の結果、地際直径成長量において有意な差が認められ、１６００本／ha区が他の区に比べ、２年間を通して成長が良好となる傾向がみられた。密度調整区や対照区において胴枯病が発生し、主に枯死、再萌芽、癌腫の３つの症状（胴枯病の項目を参照）が確認された。全萌芽木における胴枯病の被害率は49・６％であった。１６００本／ha区は再萌芽が少なく、本数密度が小さかったために成長量が大きかったと考えられた。以上の結果から、ウルシの萌芽更新後の本数密度は、胴枯病がみられた場合、罹病木を除去し、１

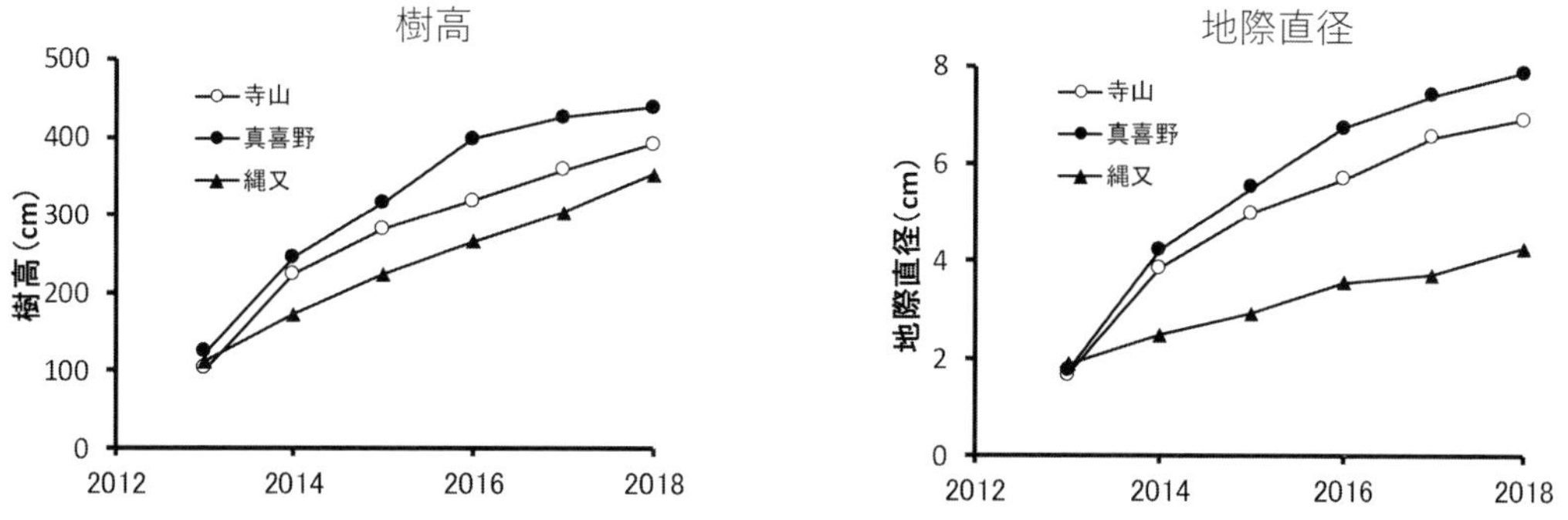

図10　優勢な根萌芽の樹高および地際直径の5年間の平均成長経過──輪島市の3つの地域での比較──

600本/haに誘導することが有効であると考えられた。今後、漆掻きを行なうまでの長期間で本数密度の検証が必要である。

（田端雅進）

【萌芽枝の成長経過】

優勢な萌芽枝は、5年で樹高300〜450cm、地際直径4〜8cmに成長する（図10、前頁上段写真下）。図に示した3つの地域で成長に差がみられるのは、立地条件の違いによるものである。萌芽枝は植栽木よりも成長が速い傾向にあるが、痩せ地や滞水しやすい湿地では萌芽枝といえども成長は不良となる。萌芽更新により再生させる場合は、ウルシ植栽と同様、過湿環境を形成しやすい地形的特徴や土地利用履歴に留意すべきである。

以上のことから、萌芽更新は、苗木が不要で植栽木よりも初期成長が早いことから、下刈りの期間も短縮可能で、最終的な漆掻きが可能になるまでの期間も3〜4年は短縮可能と考えられる。[(2)〜(5)] 萌芽枝の育成のポイントは、初期に適切な本数でなるべく優勢木を仕立てることと、萌芽処理を適切に実施することと考えられる。

（小谷二郎）

●病・獣害管理

病害

【白紋羽病】

白紋羽病《しろもんぱびょう》は、様々な草本・木本植物の地下部を壊死腐敗《えしふはい》させ、枯死を起こす土壌病害である。[(1)] 本病の「白紋羽」は、病原菌の菌糸が足袋の裏地に使われた紋羽織《もんぱおり》という織物に似ていることからつけられたといわれている。

本菌はキク、スイセン、リンゴ、ナシなど様々な草本・木本植物に対して病原性を示す多犯性の菌である。[(1)(2)] ウルシ科の植物では、マンゴー、[(3)] ハゼノキ、[(1)] ヤマウルシ、[(4)] ウルシにおいて、[(1)] 病原菌であるロセリニア・ネカトリスク(*Rosellinia necatrix*)が白紋羽病を引き起こすとする報告がある。また、ハゼノキとウルシは、ロセリニア・ネカトリスクの宿主植物と記載されている。[5] しかしながら、竹本ら[6]以外に、ウルシ科植物上に発生した本菌の形態の記載や接種試験による病原性の確認が行なわれていないので、今後、種同定や病原菌の確定には形態観察や接種試験が必要である。

罹病木の地際樹皮下に形成された白紋羽病菌の扇状菌糸束と白紋羽病の症状

扇状菌糸束　葉の黄化　枯死木

集団枯死したウルシ

• 症状と伝染

白紋羽病菌は、菌糸によって宿主の根表面に侵入した後、形成層に到達すると扇状を呈した菌糸束(扇状菌糸束《せんじょうきんしそく》)を伸展させ、根を腐敗させる。その後、根が侵された罹病木は6月中旬～8月上旬に葉が黄化萎凋し、枯死する。本菌は根系接触によって隣接木に拡がり、集団枯死を起こすことがある。

• 病原菌

本病の病原菌ロセリニア・ネカトリスク(*R. necatrix*)は、温帯を中心に国内外に広く分布し、子嚢菌門(Ascomycota)フンタマカビ綱(Sordariomycetes)クロサイワイタケ目(Xylariales)に属する。本菌の属するカタブツタケ属(*Rosellinia*)には100種以上の種が含まれるとされており、更なる分類学的研究が必要である。

本菌は子座、子のう胞子、分生子柄束および分生子を形成する。子座はやや突出した球形～亜球形、子のう胞子は黒褐色、やや湾曲した長紡錘形、分生子柄束は黒色の菌糸層上に散生し、その上部に膝折状で胞子分離痕が顕著な分生子形成細胞を形成している。分生子はシンポジオ型に形成され、無色、楕円形である。培養菌糸は無色、隔壁近傍に洋梨上の膨らみがみられる。分生子柄束や分生子の形態的特徴はロセリニア・ネカトリスクの近縁種、ロセリニア・コンパクタ(*R. conpacta*)と酷似しているので、カタブツタケ属の種同定には注意が必要である。[6]

白紋羽病菌の分生子柄束と分生子形成細胞・分生子

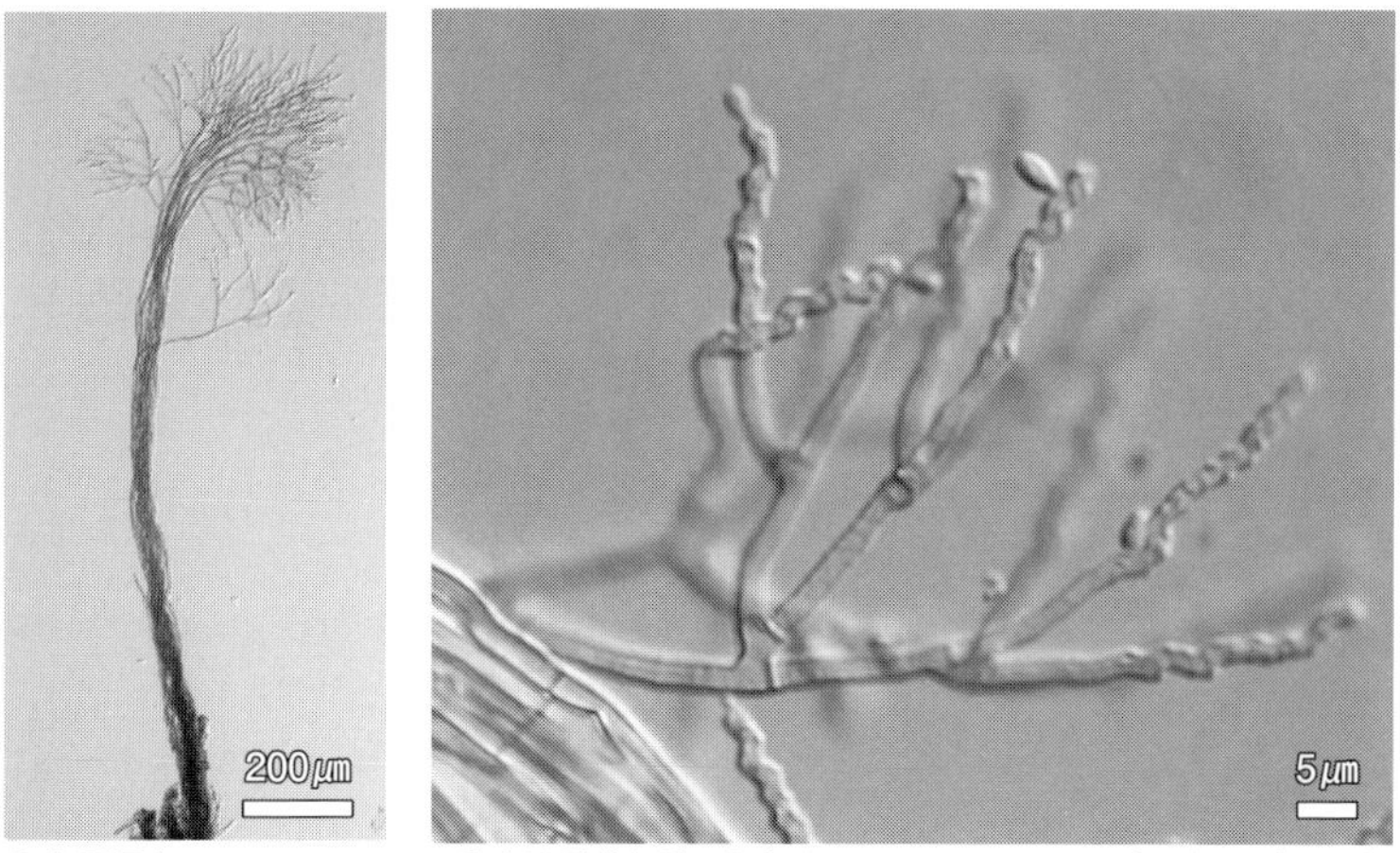

分生子柄束　分生子形成細胞・分生子　（写真：竹本周平）

・防除法

罹病根は丁寧に除去し、処分することが肝要である。また、ウルシ林に混在する植物が白紋羽病菌の潜在的な感染源になり、本病の蔓延を助長していることがあるので、白紋羽病が拡がっているウルシ林では、草本・木本植物の適切な除去も必要である。[7] 発病跡地に再びウルシを植える場合には、罹病根、罹病植物の残渣および深さ30㎝程度土を除去し、透明ビニールマルチで植栽地を覆い土壌消毒を行なった後、未汚染土を植栽地に入れ、苗植栽後に植栽木に防除薬剤フロンサイドSC５００倍を散布する。

（田端雅進）

【胴枯病】

枝や幹に発生する病気を胴《どう》・枝枯性《えだがれせい》病害《びょうがい》といい、農作物にみられない樹木特有の病気である。胴・枝枯性病害の多くは子嚢菌門(Ascomycota)フンタマカビ綱(Sordariomycetes)ディアポルテ目(Diaporthales)に属する菌類によって起こる。胴・枝枯性病害には、病幹部が永年性癌腫《がんしゅ》となって進展する場合と、病斑が進展して枝や幹を巻き枯らす場合がある。ウルシ胴枯《どうがれ》病《びょう》は後者に属する。本病害を起こす病原菌の多くは、条件的寄生菌（任意寄生菌）で腐生性（死んだ生物に依存する性質）が強く、宿主が環境ストレス下に置かれた場合に発病すると考えられている。

胴・枝枯性病害の中にディアポルテ(*Diaporthe*)属の菌類があり、本属菌は農業および林業上重要な病原菌であるが、腐生菌または内生菌としても報告されている。[1〜3] これまでに１０００種余りがディアポルテ属、またはフォモプシス(*Phomopsis*)属として記載されており、近年、複数領域のＤＮＡ配列データを用いた分子系統学的な推定に基づいた分類体系が提案されている。[3〜6] フォモプシス属はディアポルテ属の無性世代に充てられた属名であるが、近年の国際藻類・菌類・植物命名規約の改正に伴う「One fungus、One name（1菌種1学名）」の適用により、ディアポルテ属の名がフォモプシス属よりも優先権を有していることから、本グループにはディアポルテ属の名を充てることが支持されている。[3][7]

日本ではウルシ属樹木と関連してディアポルテ・スピイクローサ(*Diaporthe spiculosa*)が報告された。[8] しかし、ディアポルテ・スピイクローサは無性世代を欠き、竹本ら[9]によって報告されたフォモプシス属種とは異なっていた。その後、岩手県や北海道などのウルシ萌芽木や若齢林で被害を及ぼしている胴枯性病害について病原菌や病原性が明らかにされ、[10]ディアポルテ・トキシコデンドリィ(*D. toxicodendri*)によるウルシ胴枯病と命名された。[11]

ウルシ胴枯病の症状と罹病木上の分生子殻および分生子塊

枯死

再萌芽

癌腫

罹病木上に形成された分生子殻(矢印)

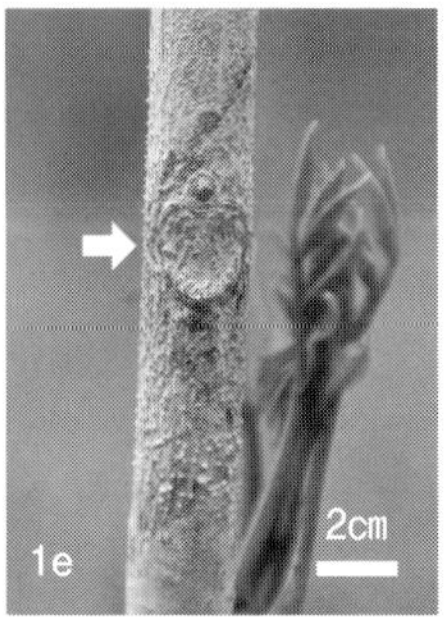

罹病木上に形成された分生子塊

・症状

ウルシ胴枯病は主に枯死(写真1a)、再萌芽(立枯被害を起こしたが、幹の地際からそれより上部にかけて新しい萌芽がみられたもの、写真1b)、癌腫(幹の一部が罹病し、

ウルシ胴枯病の症状と罹病木上の分生子殻および分生子塊

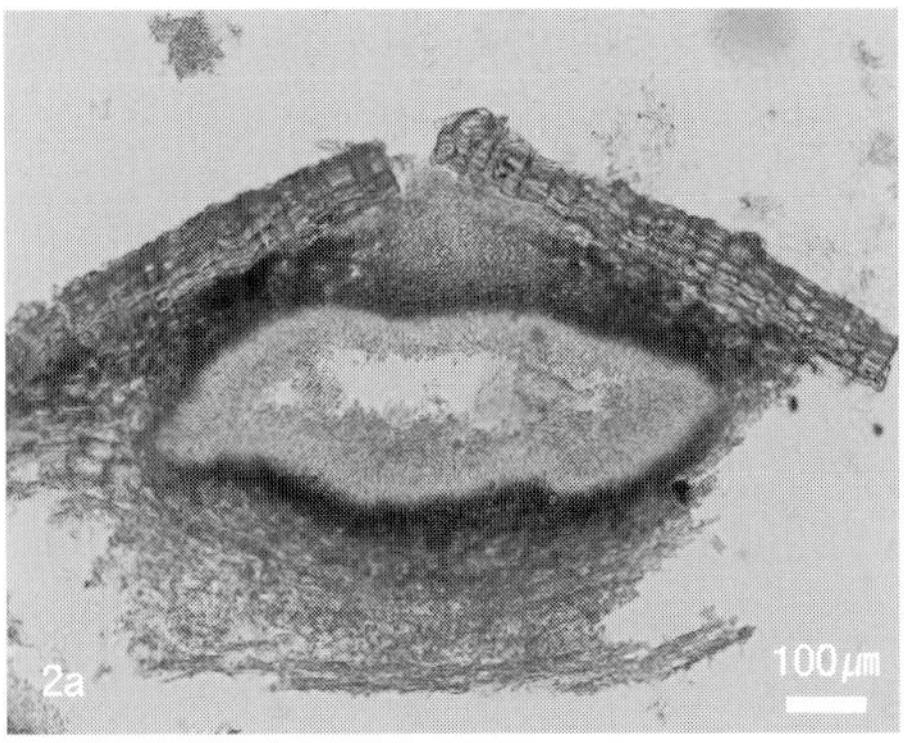

分生子殻

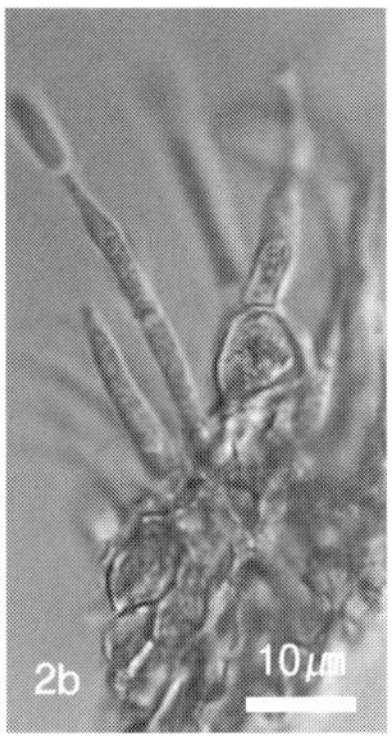

分生子形成細胞*

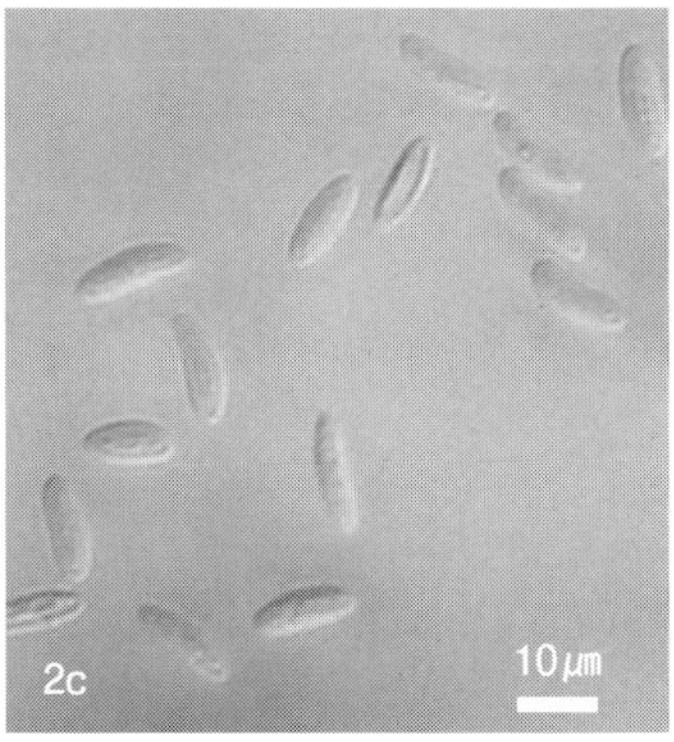

分生子*

(*の写真:安藤裕萌)

壊死を起こし壊死部周辺が巻き込みを起こしたもの、写真1c)、再萌芽・癌腫(再萌芽した後に癌腫を形成したもの)の4つの症状に類型化される[12]。萌芽木131本を対象に症状類型を調査した結果、2年後の枯死が約10%、再萌芽が20%、癌腫が16%、再萌芽・癌腫が2%であった[11]。

胴枯病菌の分生子殻(写真1d)は展葉する5月上旬〜6月上旬に萌芽木の幹樹皮上で形成され、また、淡黄色の分生子塊(写真1e)が5月中旬〜6月中旬に萌芽木の幹樹皮上でみられる。分生子殻が形成された萌芽木で5月中旬〜6月下旬に枯死、再萌芽、癌腫、再萌芽・癌腫のいずれかの症状が確認される。

・病原菌

病原菌ディアポルテ・トキシコデンドリィ（*D. toxicodendri*）の無性世代は、分生子殻の形態を有し、その分生子殻は類球形、レンズ形から扁円形、200㎛以下の頸部を有している(写真2a)。分生子形成細胞は、無色から淡褐色、円筒形である(写真2b)。分生子(写真2c)は無色、単細胞、平滑、楕円形〜長楕円形で、ベータ分生子およびガンマ分生子はみられない。また、有性世代はみられない。

・防除法

ウルシ胴枯病菌の生態などが十分に解明されていないので、薬剤などによる防除は難しいと考えられる。しかし、萌芽林での密度管理に関連し、本数密度当たりの漆生産量を増やすためには、胴枯病の発生時期に癌腫の症状がみられた罹病木を除去し、萌芽木の密度調整を行なうことが望ましいと考えられる[12]。

（田端雅進）

【うどんこ病】

うどんこ病は植物病害の中でも、その名前と症状から比較的知られている病害である。植物の葉表面や裏面に、小麦粉をまぶしたような白い粉状のものが多量に付着する症状から、うどんこ病と呼ばれるが、世界で1万種以上が報告されている。子嚢菌門(Ascomycota)ズキンタケ綱(Leotiomycetes)ウドンコカビ目(Erysiphales)に含まれる。人工培養ができておらず、生

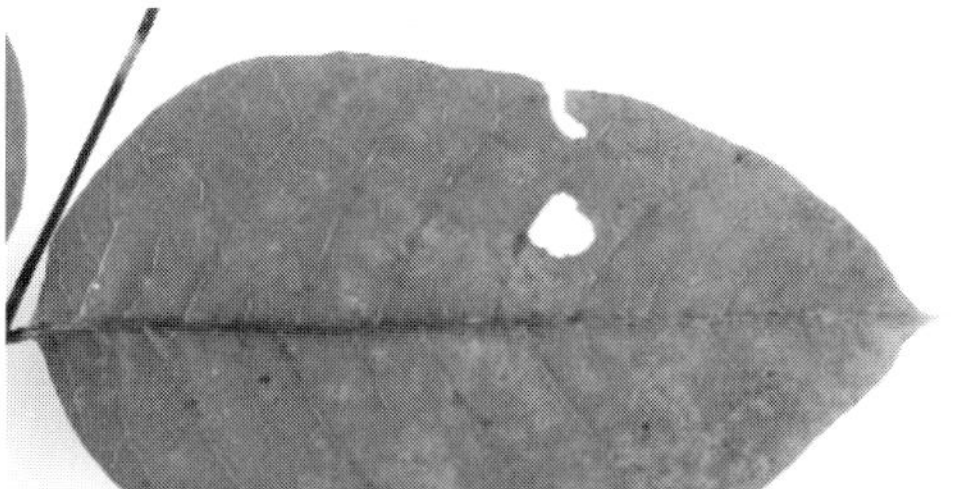

罹病葉

罹病果実

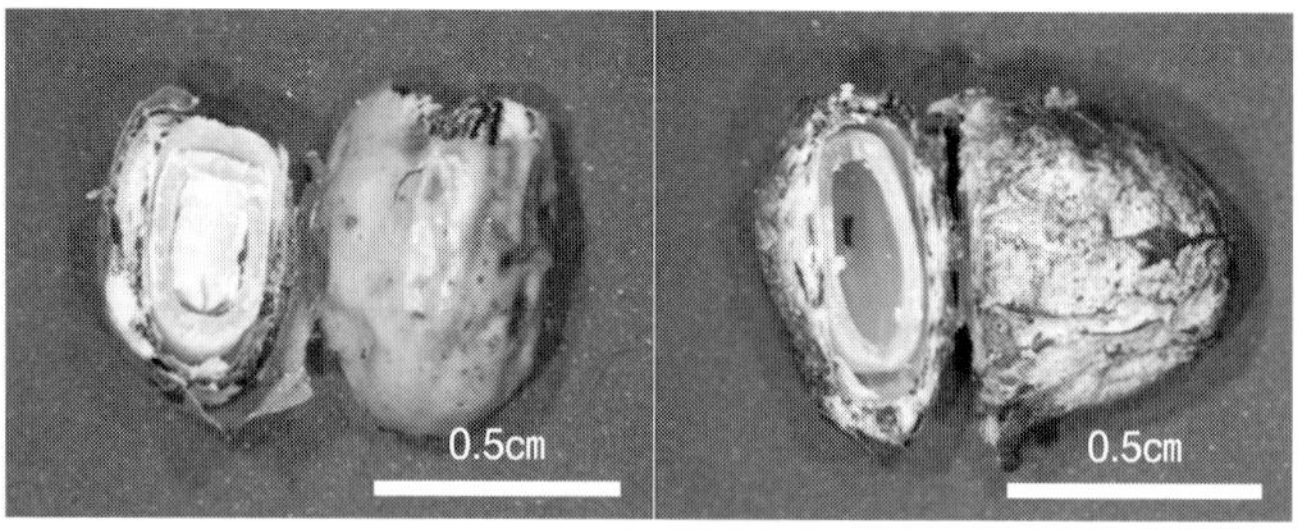

ウルシ果実の断面(左:健全果実、右:罹病果実)[1]

きた宿主上でしか繁殖できない絶対寄生菌である。作物を中心に被害を引き起こすが、宿主範囲は狭く、特定の種類のウドンコ病菌が特定の宿主に寄生する。ウルシにおいても、うどんこ病はしばしば問題となっている。

・症状

ウルシに発生した場合、症状は葉と種子において顕著になる。最初、夏にウルシ葉の表面に小麦粉をまぶしたような粉状の症状を呈するが、時間が経つとウルシ葉に壊死斑が生じる。被害がひどい場合は葉が枯死することもあるが、植物体全体としての被害は大きくなく、樹体全体が枯死に至ることはない。ただし、秋には白い菌糸の膜が植物体表面を覆うぐらいになることもある。そして、ウルシの場合、特に問題になるのは果実表面に発生した時、果実そのものの生育が悪くなり、場合によっては種子が充実せず、未熟なまま結実してしまうことである。未熟な種子は発芽しない。

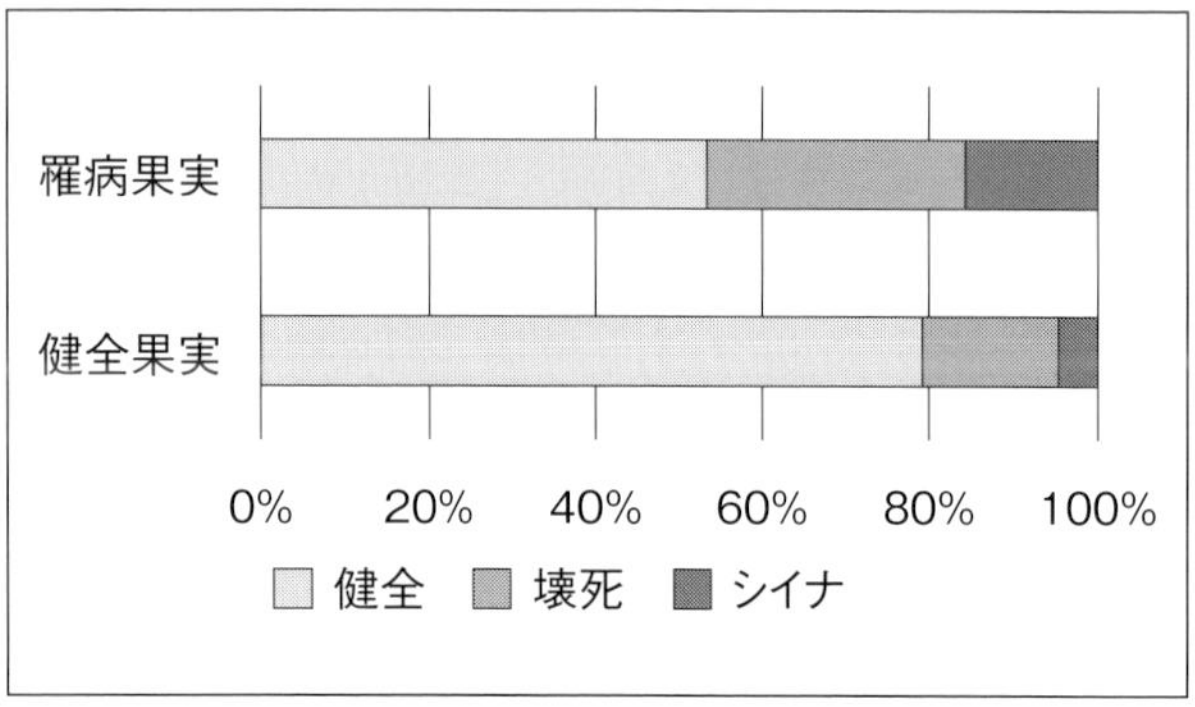

図11　ウドンコ病菌の罹病果実と健全果実における種子の健全、壊死およびシイナの割合[1]

うどんこ病は7月から葉上、あるいは果実上にて発生が確認され始める。8月上旬から形成され始めた果実は10～11月にかけて成熟するが、被害発生地では9月中旬には果実上にもうどんこ病の発生が普通にみられるようになる。

安藤ら[1]によれば、うどんこ病が確認されていない種子における未熟な種子の割合は約21%であったのに対し、ウドンコ病菌が感染した種子では約47%が未熟な種子であったという(図11)。

・病原菌

ウルシ科の葉に寄生するウドンコ病菌は、エリシフェ・ベルニシフェラエ(*Erysiphe verniciferae*)、エリシフェ・マツナミアナ(*E. matsunamiana*)、エリシフェ・トキシコデンドリコラ(*E. toxicodendricola*)、およびフィラクティニア・ロイナ(*Phyllactinia rhoina*)がこれまでに世界で報告されている[2]。日本ではエリシフェ・ベルニシフェラエ、エリシフェ・マツナミアナ、およびフィラクティニア・ロイナの3種が確認されている[3]。エリシフェ・ベルニシフェラエは、日本、中国、韓国、インドに分布し、ウルシ属ウルシ(*Toxicodendron vernicifluum*)、ヤマウルシ(*T. trichocarpum*)、ハゼノキ(*T. succedaneum*)、ヤマハゼ(*T. sylvestre*)および近縁のヌルデ属ヌルデ(*Rhus javanica var. chinensis*)からの報告があり、エリシフェ・マツナミアナはハゼノキのウドンコ病菌として、日本でのみ報告がある。フィラクティニア・ロイナはウルシ属ツタウルシ(*T. orientale*)からのみ報告されている。エリシフェ・トキシコデンドリコラは、ハゼノキに寄生し、中国からのみ報告されている[4]。ウルシの植林地ではエリシフェ・ベルニシフェラエによる被害がみられる[1]。

ウルシうどんこ病菌、エリシフェ・ベルニシフェラエ

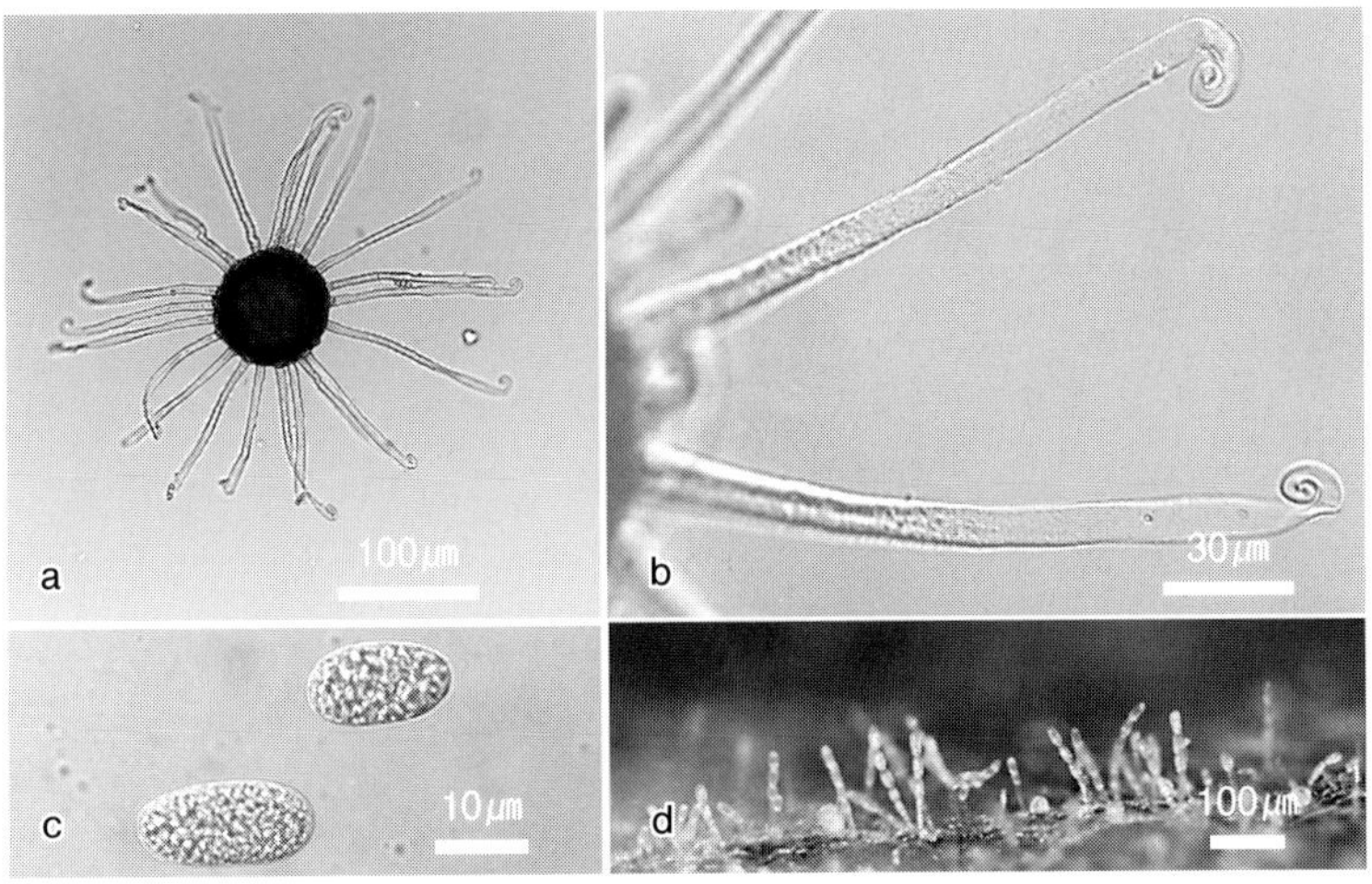

a:子嚢殻、b:修飾菌糸、c: 子嚢胞子、d: 無性胞子

エリシフェ・ベルニシフェラエに限らず、子嚢菌類は生殖を行なう有性世代と、栄養成長を中心とする無性世代から成り、うどんこ病菌は有性世代で子嚢殻と呼ばれる、有性胞子を形成する器官を持つ(写真a)。一方で、無性的に繁殖する場合は無性胞子を形成する。エリシフェ・ベルニシフェラエの子嚢殻は黒色球形で表面に、先端が湾曲する修飾菌糸を持っている(写真b)。子嚢殻の中に入っている子嚢胞子は無色、楕円形で、秋以降に確認できる(写真c)。無性胞子は連鎖して形成され、無色で楕円形である(写真d)。

・防除法

これまでうどんこ病の存在は知られていたが、種子生産への影響は少なくないと考えられる。うどんこ病菌は実生苗の生産に水を差しかねない存在となり得ることから、適切な対処が必要である。一般に湿度が低ければうどんこ病は発病しにくいと思われるが、環境条件の制御はウルシ植栽地では難しい。一方、作物のうどんこ病に用いられるような農薬は、登録されていないため使用することはできない。今後、より効率的な防除を考えるのであれば、農薬登録に向けた取り組みが急務である。

(升屋勇人)

【疫病】

病原菌はファイトフトラ(*Phytophthora*)と呼ばれる植物疫病菌の仲間である。本グループは菌と呼ばれているが、最近の分

子系統解析ではストラメノパイルという分類群の中で卵菌類として位置づけられている。これらは菌類でも動物でも植物でもない独自のグループであるが、過去に植物病理学の分野で糸状菌の仲間と見なされてきた経緯があり、現在でも菌類学の分野で扱われている。これまで、このグループは主に作物の病害として知られており、中世ヨーロッパに大飢饉を引き起こしたジャガイモ疫病菌が世界的に有名である。[1] しかし最近、樹木を集団的に枯死される重大な樹木病害を引き起こす種類が多く報告されてきており、本グループによる世界の森林衰退が深刻化しつつある。[2]

・症状

ウルシ林の衰退

本病害は最近になって報告された重要なウルシの病害の一つである。症状はいわゆる全身性の衰退・枯死であり（写真）、枝先から枯れ下がり、若い個体だと急速に萎凋・枯死する。[3] 枝先から枯れることから、一見すると症状がディアポルテ・トキシコデンドリ(*Diaporthe toxicodendri*)により引き起こされるウルシ胴枯病（「胴枯病」の項目を参照）と類似する。しかし、本病害の場合は急激な枯死現象ではなく、徐々に枝が枯れ下がり衰退する傾向があるのに対し、胴枯病は若い枝を急激に枯死させるだけである。症状の進展は胴枯病よりも遅いことから、識別することができる。一見すると生理的な障害にも見えるため、被害そのものが十分には認識されてこなかった。本病害は最近明らかになった病害の一つであるが、被害そのものは以前からあったと思われる。発病は土壌の状態とも関係していると推測され、水はけが悪い場所では特に被害が出やすいと考えられる。今後、より詳細な発病要因に関する研究が急がれる。

・病原体

ウルシの衰退に関与するのは、特に世界的に重要な種類とされるファイトフトラ・シンナモミ(*P. cinnamomi*)である。本種は世界的に広く分布しており、東南アジアが原産地と考えられている。特にオーストラリアでは森林生態系を破壊し、荒廃地にする重大な病原菌の一つとして扱われて

ファイトフトラ・シンナモミを接種した分根苗（2か月後）（右が接種区、左が非接種区）

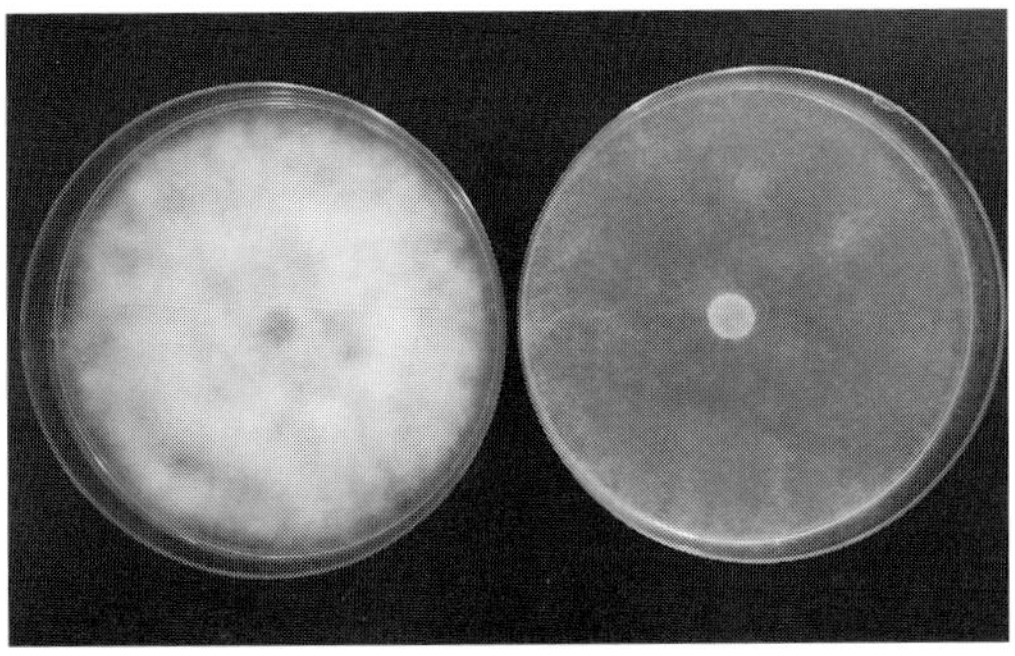
ファイトフトラ・シンナモミの菌叢（移植１週間後、左：ニンジンエキス寒天培地上、右：Ｖ８ジュース寒天培地上）

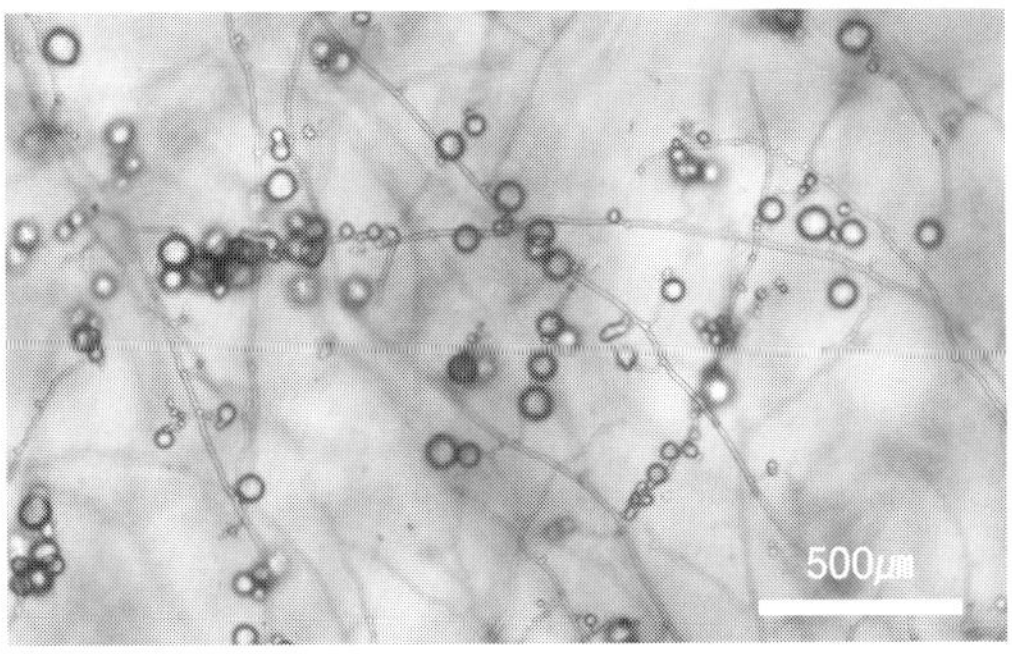

ファイトフトラ・シンナモミの厚膜胞子

おり、固有種のうち約２０００種以上が本病害により枯死しているという。[2] 様々な植物を加害する多犯性の病害であり、これまでに世界で５０００種以上の宿主植物が報告されているが、[4] ウルシに衰退枯死を引き起こすことが明らかになったのは最近のことである。

筆者ら[3]によれば、全国でウルシの衰退が確認された場所のうち、北海道と岩手県以外のウルシ林における衰退木の根圏土壌から本種が検出されている。一般に本病原体は土壌凍結がある場所では死滅すると考えられており、北日本の寒冷地では越冬は難しいと思われる。ただし、積雪により地温がある程度維持されるようなエリアでは越冬は可能と思われる。現時点で、日本国内で最も北で採取された事例は北緯38・8度付近である（未発表データ）。

ウルシへの病原性の確認は、土壌混和による接種試験で行なわれた。[3] 小麦種子で培養した菌株を土壌に混和し、ポットに入れ、そこにウルシ分根苗を移植した。その後、2か月以内に菌を接種したウルシ分根苗が全て枯死している（前頁下段写真）。成木での接種試験は行なわれていないが、大きな根圏を有する成木の場合は、枯死により多くの時間が必要となることが推測される。

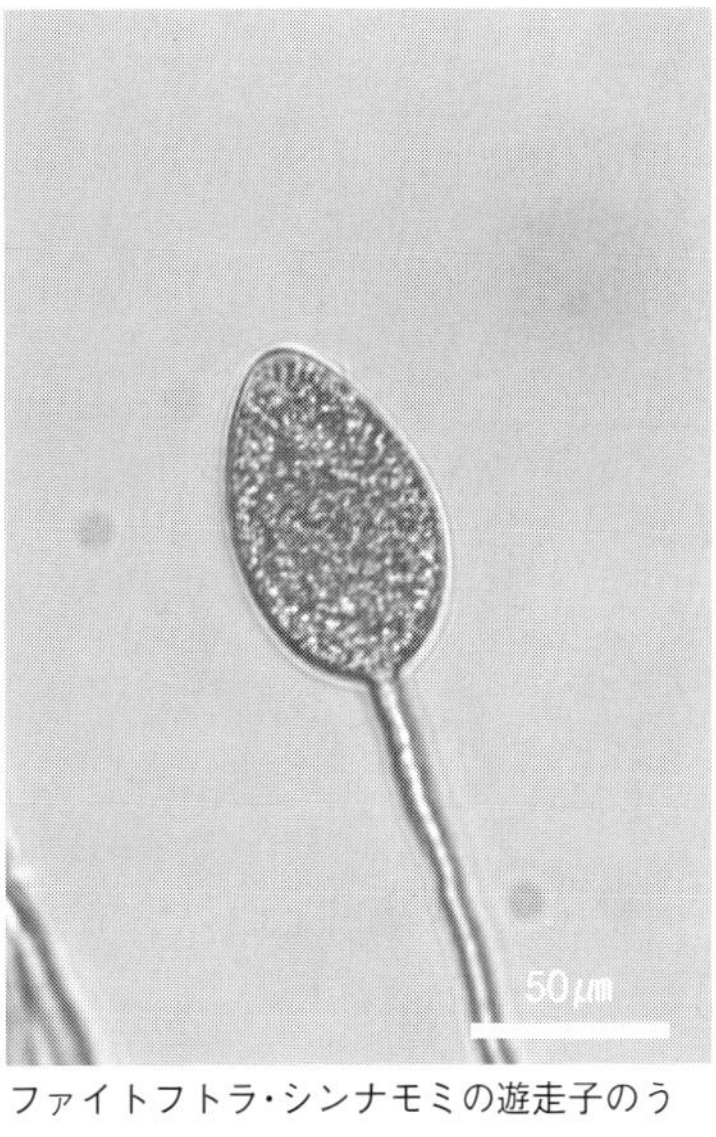

ファイトフトラ・シンナモミの遊走子のう

培地上での生育は早く、糸状の菌糸が広がり1週間で直径9cm程度まで成長する（上段写真上）。同時にブドウの房状に厚膜胞子が形成される（上段写真下）。遺伝的に異なる株同士（交配型）が対峙すると蔵卵器と卵胞子を形成するが、これまでウルシ植栽地で確認されているのは一方の交配型のみであり、おそらく無性的に分散していると推測される（未発表データ）。水があると卵型の遊走子のうと呼ばれる袋を形成し（右の写真）、その中に遊走子を形成する。遊走子は鞭毛を持ち、水があるところを泳ぎ回ることから、分散そのものは、厚膜胞子による土壌伝染、水流による水伝染が局所的な分散に関与していると考えられる。一方で、長距離の移動は苗木や土壌の移動に伴うことが考えられる。現在、本病害が新たに発生している場所で、本病原菌がどのようにそこに侵入定着してきたかを検討するためには、周辺における本病害の発生源の有無、苗木や周辺土壌の由来など様々な検討が必要である。

・防除法

最近になって判明した病害であるため、防除法は確立していない。これまでの発病状況から、水はけとの関連が推測されることから、水はけの悪い谷筋や水田跡地では本病害の発生リスクは高いと考えられる。また、汚染土壌の移動を避ける必要があるため、被害地への出入りの際には靴底を洗う等の対策が必要である。さらに、苗木の移動の際に土壌とともに運搬される可能性があるため、苗木生産の現場では常に被害発生を監視する必要もある。畑作病害としての植物疫病菌に有効な農薬はいくつか登録されているが、ウルシ疫病について登録農薬がないため、農薬を使用した防除法は確立されていない。今後、有効農薬のスクリーニングと農薬登録に向けた試験が急務である。

（升屋勇人）

獣害

【ニホンジカの生態】

・体のしくみ

ニホンジカは主に東アジアに生息する偶蹄類であり、日本にはエゾシカ、ホンシュウジカ、キュウシュウジカ、ヤクシカなど7つの地域亜種が分布している。植物質から栄養を効率的に摂取することに適した体のつくりを持っており、下顎の切歯を包丁、歯がない上顎をまな板(歯床板という)として使って植物片を切り取って口に入れ、奥にある小臼歯、大臼歯ですりつぶして胃へ送り込む。反芻という独特な消化方法を獲得しており、胃は第一～第四胃の4つの部屋(ホルモン料理の部位であるミノ、ハチノス、センマイ、ギアラ)からできていて、特に、第一胃に共生している細菌や菌類、原生動物などの微生物によって植物繊維等植物の主成分が分解され、これら共生微生物の代謝産物や微生物のからだそのものをニホンジカ(以下、シカ)は栄養として吸収している。

・食性

食性のレパートリーは幅広く、季節変化が認められ、食べられる植物の種類、量ともに少なくなる冬季にはササ類や樹皮を剥ぎ取って食べる。また、シカが多く生息している地域では、林縁や森林内にマツカゼソウやタケニグサ、アセビの群落が目立つようになり、これらはシカがあまり好まない植物(不嗜好性植物)と呼ばれているが、決して食べないわけではない。獲得できる食物が不足してくるとこれらも口にするようになり、さらには落ち葉を食べて飢えをしのぐことも報告されており、非常に高い生存適応能力を持った動物であるということができるだろう。

・被害状況

林野庁が取りまとめている主要な野生鳥獣による人工林被害面積は全国で約５９００haであり、その約４分の３に相当する４２００haがシカによる枝葉食害と剥皮害である。こうしたシカによる人工林被害は、１９８０年頃から問題となり始め、１９９０年頃にはノネズミ類、ノウサギ類による被害面積を上回った。現在では天然林や里山二次林の立木、下層植生に対する食害による森林生態系への影響も懸念されており、適切な防除手法が模索されている。

・シカの分布の歴史的変遷

シカによる森林被害の増加は、この種が戦後に分布を大きく拡大してきたからである。環境省(一部当時は環境庁)が公表している自然環境保全基礎調査の結果によれば、１９７８(昭和53)年のシカ分布域は国土の24%であったが、２０１４年には59%と約２・５倍に拡大している(図12)。

しかしこの様子は、分布拡大というより分布の回復といったほうが正しい。古文書等からは日本人とシカとの軋轢は西暦７００年代にはすでに始まっていたらしいこともうかがえる。

１７００年代にはシカによる農作物被害軽減のために各地でシカ狩りが行なわれ、何万

図12　ニホンジカの分布地域(灰色)

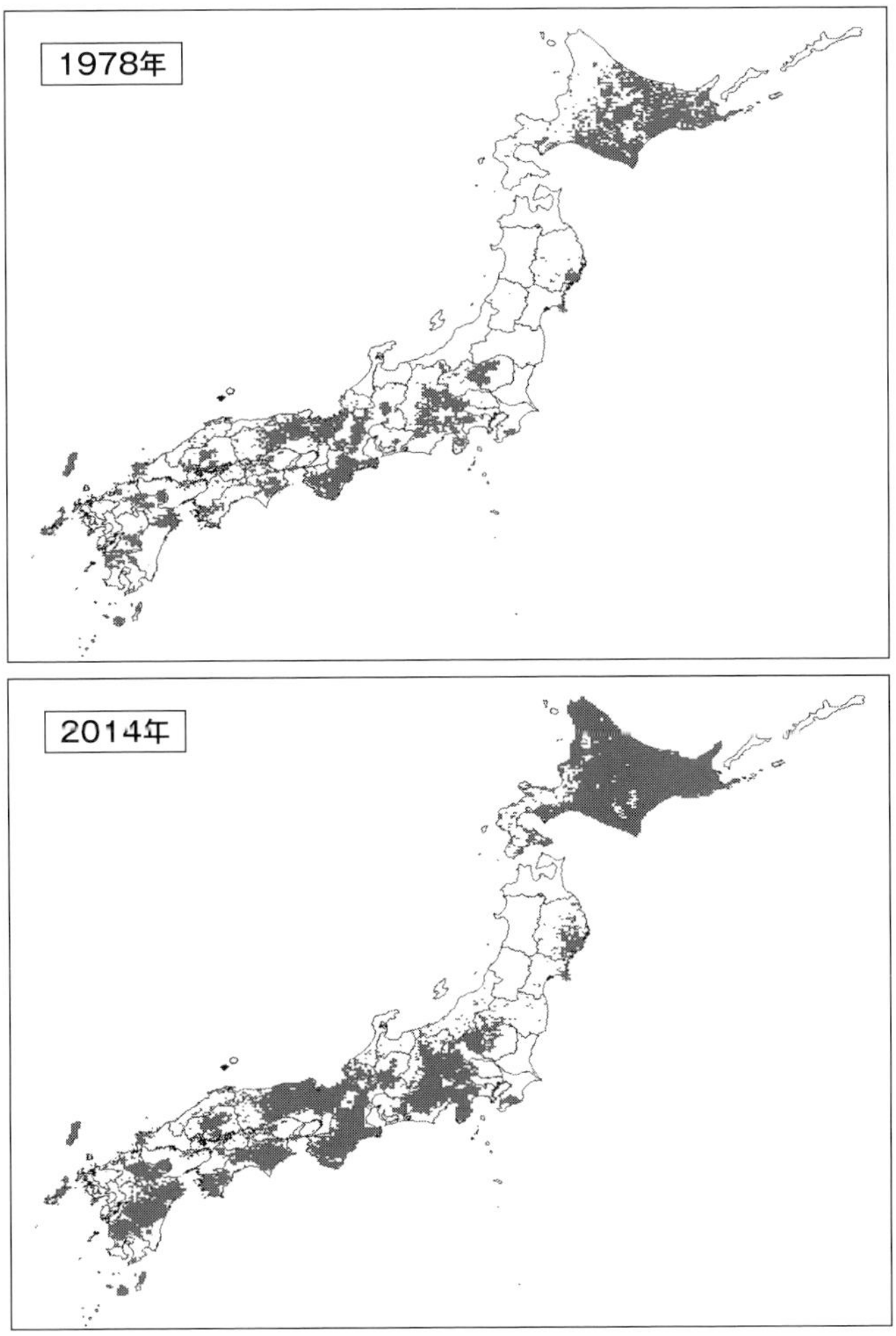

頭ものシカが捕獲された。さらに１９００～１９４５年にかけての戦時においては皮革などの軍需物資やタンパク質源の確保、あるいは薬効成分の利用などのために捕獲が進み、戦後落ち着きを取り戻した人々が目にしたのは「限られた場所にしか分布していない」シカであった。シカを保護しなければという風潮が生まれても不思議ではなく、１９４８年には全国を対象にしてメスジカ禁猟となる。シカの管理の歴史の中ではここが大きなポイントだったかもしれない。

・繁殖の特徴

その後に行なわれたニホンジカの繁殖に関する研究報告によれば、メスの８割は生まれた翌年に初産、その後15歳くらいまで毎年子を産み続ける。さらに地域個体群全体では、毎年９割近いメスが妊娠しているという。その増加率は年間20％とも言われており、これは１０００頭のシカが50年後には９００万頭を超える計算になる。シカは非常に高い繁殖能力を持った動物だったのである。１９９４年には北海道、岩手県、兵庫県がメスジカ禁猟を解除し、翌年以降も各地で解除が続いたが、全国で解除されたのは禁猟から約60年が経過した２００７年のことであった。２０１５年に国は捕獲の促進と担い手育成を目指して「鳥獣の保護及び狩猟の適正化に関する法律」の一部を改正したが、その効果が十分に表れた結果とはなっていないのが実情であり、東北地方、北陸地方、中国地方などにおける分布拡大に歯止めはかかっていない。

【ニホンジカによるウルシの被害】

・ウルシに対するシカ害

ウルシに対するシカ害は苗木に対する枝葉の食害と、植栽後の若齢～壮齢木に対する剥皮害である。枝葉が食害されれば苗木として不適となり、剥皮害を受けた若齢～壮齢木は、菌類の侵入によって材の変色や腐朽が発生する。食害を受けたウルシは、木が大きくならず、漆を掻く所がなくなり、漆滲出量の減少につながるだけでなく、繰り返し被害を受けたことによっ

ニホンジカによる食害

ニホンジカによる成木の剥皮害

て枯死することがある。

・被害地域

植栽地における被害は、西日本では京都府、奈良・徳島・岡山県で、東日本では長野・山梨県で確認されている。近年では、国産漆の7割を生産する岩手県二戸市や一戸町にもシカの分布域が拡大しており、苗木の食害がみられるようになっている。事態は深刻であり、今後、国産漆の増産に向けてこうしたシカによるウルシ食害をどのように防除するかは喫緊の課題である。

・対策

一般的な植林地では捕獲と柵による防除を車の両輪として対策を立てることが推奨されているが、スギやヒノキの林と比べて規模が小さいウルシ植栽地では、まず柵による防除を行なうことが第一のステップであろう。実際、京都府や奈良県では、ネット柵で囲むことによって被害を防ぐ努力が行なわれている。しかし、柵は設置した時から常に倒木や土砂流出、動物によるアタックなどの破損リスクにさらされていることを念頭に置き、維持管理の継続も意識した対策を考える必要がある。

ニホンジカ対策用のネット柵

【ツキノワグマの生態とウルシの被害】

・生態的特性

ツキノワグマ（以下、クマ）は、アジアクロクマという別名を持ち、東アジアから南アジアにかけて、日本では本州および四国に生息している食肉類である。大陸では薬効成分がある胆のう（熊《くま》の胆《い》）や毛皮、食肉目的、被害防止目的での捕殺に加え、生息地破壊のために生息数は減少している。食肉類に属するため、シカの反芻胃のような、植物から栄養を確保するための特別な器官を持たないにも関わらず、食性は大きく植物質に偏っていて動物質のものといえばアリやハチ程度であり、他の食肉類のように自ら狩りをして獲物を捕らえ、食することはほぼない。食肉類の消化器官のままでは植物質から栄養を効率よく吸収することはできず、必然的に多量に食べるしかなくなる。本来は人間との接触を避ける臆病な動物であるが、食物が関わると周囲が気にならなくなるらしい。山菜採りのパーティとの遭遇は頻繁に起こることである。

・スギ、ヒノキへの被害

多量に食べることができない冬季は冬ごもりでやり過ごす。

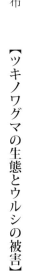

クマによるヒノキの剥皮被害痕

東北地方では11月下旬から春の連休あたりまでほぼ動かない。5月初めには目覚めて動き出すものの、木の実はもちろんのこと下層植生もまだ成長しておらず、空腹状態が続いているのは間違いないだろう。スギやヒノキなどの針葉樹の樹皮を上へ向かって剥ぎ、現れた内樹皮に上顎の切歯を押し当て上から下へ齧り取るようにして食べる(右の写真)。この部分には多糖を含む液が含まれており、糖度計で計測すると10%を超えていることがある。当然内樹皮部分は消化できず、そのまま糞として排出される。この一連の行動がクマの剥皮行動であり、剥皮した外側の樹皮を食べないことはシカと大きく異なる。しかし、剥皮被害を受けた立木には菌類が侵入してしまい、枯死してしまうこともあるということは、シカによる被害と何ら変わりはない。

・ウルシへの被害

クマによるウルシへの加害については調べられていない。被害が発生する場所では、毎年漆液を採取する6～8月に発生し、剥皮された箇所には爪痕や毛の付着がみられる。被害は地上高50～75㎝部分に多く認められるが、スギやヒノキで見られたような上顎切歯の痕がなく、樹皮を剥ぎ取った後に出てくる液をなめとったりしているわけではない、すなわち採食行動ではなさそうである。

・習性

実はクマはペンキが塗られた看板やコールタールを塗布してある杭などに執着することが多い。次頁の写真はその一つの例で、造成事業地であることを示す看板にクマが攻撃を加えた痕である。また、クマは木の幹に背中をこすりつけるという行動をとることが多いが、その理由としては、自分の縄張りを宣言し、争いを避けるためで

剥皮被害　(写真：田端雅進)

漆採取木の剥皮被害(矢印は体毛)　(写真：田端雅進)

はないかとか、求愛行動そのもの、虫よけなどいろいろな説がある。もしかすると、ウルシから揮発する成分がクマを引き寄せている可能性は大いにあるだろう。繁殖期（夏）に起こること、体毛が付着していること、採食痕が見当たらないこと、などから想像するに、おそらくウルシから発せられる匂いに別個体の存在を感じ、爪で樹皮を引っかいたり体をこすりつけたりしているのかもしれない。樹皮が剥がれてしまうのはクマの指の力の強さを意味しているだろう。これによって漆液の滲出が悪くなることがあることは残念である。

林内に設置された看板に対するクマの被害痕

クマによるウルシに対する加害を防ぐには金網等で物理的に樹幹を防護するしかないが、クマの腕力の強さと漆液を採取する作業時に手間が発生することを考えると現実的ではない。ひとまず、早朝や夕方など、クマが活発に動いている時間帯にはウルシ植栽地で遭遇する危険性があるので注意が必要であり、ラジオ等の常に音を出す機器を携行する等の対策はもちろん、匂いや音など周囲の様子、痕跡等に十分注意を払う必要があると考えられる。

（岡 輝樹）

ウルシ苗とウルシ林で問題になる虫害

ウルシ苗を育て、ウルシ林を造成していく中で問題になる害虫がある。茨城県では6月にウルシ苗や若齢の木にハゼアブラムシが、6~7月にキジラミ類が発生する。ハゼアブラムシは、ウルシのほかに、ハゼノキ、ヌルデ、トベラなどの新梢に多発することが知られている。一方、ウルシの新梢を吸汁するキジラミ類は、種が不明なので、種の同定が必要である。これら害虫の防除については、低密度時に殺菌剤を複数回散布するのが効果的である。

ウルシ林を造成していく際には問題になるのが、食葉性昆虫のクスサンである。クスサンは、クリのほか、クスノキ、クヌギ、イチョウなど各種落葉樹を食害する害虫である。クスサンの防除については、幼虫期に殺虫剤を散布するのがよい。

（田端雅進）

ハゼアブラムシによる被害

ハゼアブラムシ

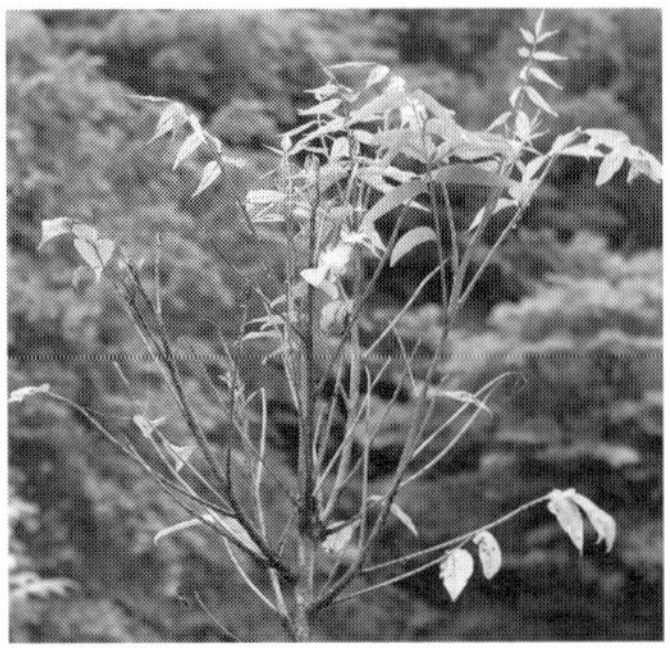
キジラミ類による被害

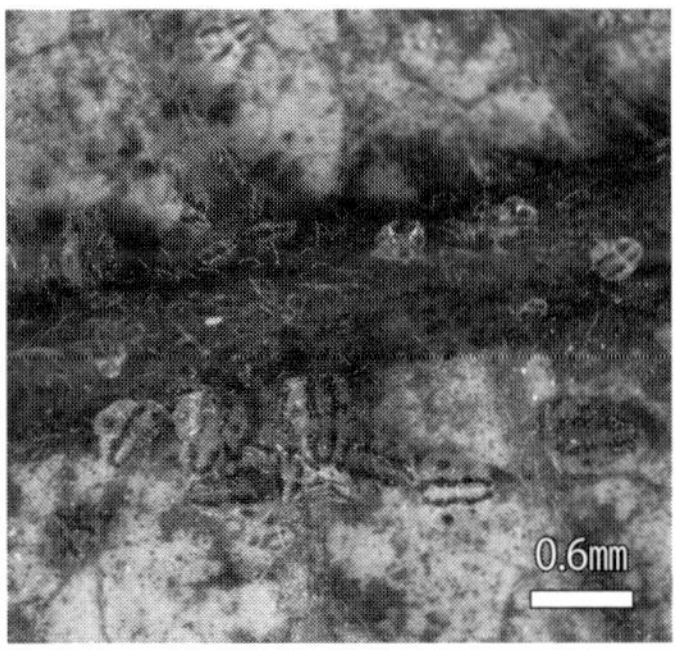

キジラミ類

クスサンによる被害

クスサンの中齢幼虫

クスサンの終齢幼虫

3章

ウルシ林の経営

漆

2

過去のウルシ林経営の変遷

●漆液生産地の推移

【戦後の漆生産量】

ここではまず、これまで誰がどのようにしてウルシ林経営を行なってきたのかを検討したい。最初に表1から、2018年の都道府県別漆液生産量をみると、第一位が岩手県で1256kg（構成比68・1%）、第二位が茨城県で360kg（同19・5%）であり、これら2県で9割近くを占めており、ウルシ林経営が行なわれる場所は日本でも一部に限られることが想像される。もちろん、漆液生産が行なわれていない場所でもウルシ林経営は行なわれているかもしれない。しかし、日本に生育しているウルシには、天然更新によるものを除いて、人が植栽したのではなく、自生しているものはほとんどないとされている。(1) また、かつてはウルシの実からウルシ蝋を生産することや、その耐水性を利用してウルシ材を「アバ」と呼ばれる漁網用の浮き具として利用することが行なわれていたものの、現在ではほとんど行なわれていない。(2) したがって現在、日本人がウルシを植栽する最終的な目的のほとんどは漆液採取だと考えられる。それゆえ、一部の例外を除いて、漆液採取が行なわれている場所でウルシ林経営が行なわれていると考えて差し支えないであろう。

過去の漆液生産はどうだったのか。例えば1970年を見ると、第一位は岩手県で変わりがなく、その生産量は1624kg（構成比48・7%）、第二位は長野県の635kg（同19・1%）、第三位は青森県の350kg（10・5%）と続く。さらに、農林省の戦後の漆液生産量統計

表1　漆液生産量の上位道県の推移

	2018年			1970年			1949年		
		生産量(kg)	構成比		生産量(kg)	構成比		生産量(kg)	構成比
1位	岩手	1,256	68.1%	岩手	1,624	48.7%	岩手	10,733	30.6%
2位	茨城	360	19.5%	長野	635	19.1%	長野	9,308	26.5%
3位	栃木	120	6.5%	青森	350	10.5%	青森	4,166	11.9%
4位	福島	38	2.1%	栃木	256	7.7%	茨城	1,223	3.5%
5位	長野	24	1.3%	福島	223	6.7%	山形	1,136	3.2%
6位	新潟	12	0.7%	岡山	130	3.9%	石川	1,121	3.2%
7位	石川	11	0.6%	新潟	37	1.1%	秋田	1,069	3.0%
8位	山形	10	0.5%	石川	37	1.1%	岡山	990	2.8%
9位	岡山	10	0.5%	秋田	20	0.6%	福島	761	2.2%
10位	北海道	3	0.2%	岐阜	11	0.3%	宮城	664	1.9%
	全国計	1,845	100.0%	全国計	3,333	100.0%	全国計	35,093	100.0%

出典：農林省統計表および特用林産物生産統計調査より

としてはおそらくもっとも古い１９４９年についてみると、第一位は岩手県の１万７３３kg（構成比30・6％）、第二位は長野県の９３０８kg（同26・5％）、第三位は青森県の４１６６kg（同11・9％）などと続く。このように、岩手県の第一位は不動ではあるものの、その全国シェアは過去に遡るほど低下する傾向がある。また、長野県や青森県は、２０１８年には生産量ゼロもしくはごく少量しかみられない県であるものの、特に１９４９年の長野県においては、岩手県に匹敵するほどの多量の漆液生産が行なわれていたことが分る。

【１９０８年調査ではウルシ本数が６７５万本】

さらに古い資料へと遡ると、漆液生産ではなく、ウルシの府県別分布を調査した資料が見つかる。表2は、明治期後半の１９０８年に当時の農商務省によって行なわれた調査に基づく資料である。府県別の漆樹（ウルシ）数、ウルシ栽培者数、漆掻き職人数などが公表されていて、漆樹（ウルシ）数については、10年生以下、10〜20年生、20年生以上に分けて本数が記載されている。表2はこの資料をもとに、漆樹（ウルシ）数が多い府県から順に第十位までを抜粋したものである。これによると府県別で第一位はやはり岩手県で合計73万本（構成比10・8％）、第二位は石川県で69万本（同10・3％）、第三位は山形県で55万本（同8・2％）などとなっている。ウルシ本数でみると明治後半の

表2　1908（明治41）年の漆樹（ウルシ）および栽培者数の県別統計

		漆樹現在数					栽培者数	掻取人数	出稼人数	入稼人数
		10年生以下	20年生以下	20年生以上	計	構成比				
1位	岩手	572,070	129,979	29,924	731,973	10.8%	3,520	63	1	178
2位	石川	606,516	67,647	19,963	694,126	10.3%	8,335	282	85	43
3位	山形	481,286	50,788	20,895	552,969	8.2%	6,188	100		186
4位	栃木	226,144	150,041	2,001	378,186	5.6%	24,181	172	1	9
5位	茨城	267,823	96,186	5,210	369,219	5.5%	5,798	94		
6位	福井	297,577	36,871	3,045	337,493	5.0%	350	1,600	1,560	
7位	秋田	240,264	61,444	14,792	316,500	4.7%	2,726	95	7	67
8位	青森	171,575	108,494	21,880	301,949	4.5%	973	77		121
9位	新潟	152,802	76,754	36,839	266,395	3.9%	3,770	354	102	97
10位	徳島	134,570	72,850	34,000	241,420	3.6%	1,445	178	20	36
	全国計	5,005,500	1,397,851	355,373	6,758,724	100.0%	82,463	3,705	1,883	1,258

出典：農商務省山林局（1908）「地方ニ於ケル漆樹及漆液ニ関スル状況」より
備考
出稼するものなし入稼人は三越人多し又秋田県下より来るもの少らす
土着のものにして掻取に従事するもの10人（内1人は出稼）他は大抵福井富山県より来る
土着のものにして掻取に従事するもの10人（内1人は出稼）他は大抵福井富山県より来る
元締19人あり福井県下より来る

頃の岩手県の全国シェアは11％ほどまで下がり、岩手県以外の様々な府県においてもウルシ林経営が行なわれていたことが想像できる。この資料からはさらに、福井県の出稼ぎによる漆掻き者が1560人とされていて、岩手県や山形県などの各地の漆液生産に赴いていたことが分る。

以上のように、漆液生産またはウルシ林経営の分布を明治後半まで遡ってみると、岩手県の地位が一貫して全国一位であったことに変わりはないものの、その重要性は時代が古くなるにつれて低下する傾向があることが分る。つまり、かつては本数においても面積においても広範囲でウルシ林経営が行なわれていたのが、全国各地の経営が縮小するなかで、岩手県や茨城県などの一部の地域にのみに経営が残ったと考えることができる。では次に、その岩手県において、近年、誰によってどのようにしてウルシ林経営が行なわれているのかを筆者の報告(3)を参考に明らかにしよう。

岩手県北部地方における近年のウルシ林経営

●組織によるウルシ林経営

筆者らの調査によると、岩手県北部地方でのウルシ林経営の主体には大きく分けて農家と会社等の組織の2つがある。このうち組織による経営は、2017年の時点で、国有林の分収造林契約を利用して行なわれているものが確認された。国有林の分収造林契約とは、土地所有者である国と、林木の管理・経営を行なう費用負担者との二者間、またはこれら二者に造林者を加えた三者間でなされる。岩手県北部地方の国有林を所管する岩手北部森林管理署では2017年時点で、計6主体との間で計64haの国有林において分収造林契約が結ばれていた。6主体のうちの1つは浄法寺生漆生産部分林組合という組織で、この組織の主な構成員は漆掻き職人自身である。これはウルシ資源の減少を危惧した職人たちが互いに協力して、みずから資源造成を行なおうとしてなされた契約である。この漆掻き職人へのインタビューによると、現在はこの組合に加入している漆掻き職人が高齢化するなどしたため、契約者が資金を提供し、地元の浄安森林組合に委託して刈払い等の管理作業が実施される場合が多いという。その他に、日本文化財漆協会のほか、各地の漆製品製造企業が費用負担者となっているケースがみられる。その場合にもやはり、植栽後の管理作業は地元の森林組合に委託して行なうことが多い。

ウルシ資源量、あるいは漆液生産量について、ウルシ所有者別の統計は存在しないものの、筆者らの2018年までの調査では、実際の漆液生産は、組織経営のウルシ林よりも農家が所有するウルシ林においてより多く行なわれていると考えられる。そこで以下の本節では、農家によるウルシ林経営についてやや詳しく紹介する。

●農家によるウルシの植栽

【戦後の植栽状況】

筆者は2010年および2018年に、岩手県北部地方の浄法寺地区（二戸市浄法寺町）および二戸地区（旧二戸市および一戸町）の農家または元農家計28件を対象として実施した調査に基づいて、彼らによるウルシ林の経営内容を明らかにしている(3)。これによると、まずウルシの植栽形態に関して、1か所の畑や山林に面状にウルシを植栽したケース（以下、面状植栽）と、畑の周囲などに1列にウルシを植栽したケース（以下、周囲植栽）がみられた（写真）。また、聞き取り調査からは、1970年代頃までは雑穀や大豆の畑の中にまばらにウルシが植栽されていた（混植）という話も聞かれたという。しかし、1960年代以降の農業用機械の普及につれて、畑の中のウルシは機械導入の邪魔になるために伐採され、畑の周囲にのみウルシが残ったという。また、機械の普及とともに機械を効率よく稼働させるために畑1枚当たりの面積を大きくする農家が多かったため、周囲に残っていたウルシの多くも伐採されたという。2010年代の調査では、畑の中にウルシが植栽（混植）されているケースはみられなかった。

【漆掻きの手間と面状植栽】

面状植栽を最初に行なった時期を集計すると、早い

ウルシの周囲植栽（左）と面状植栽（右）

左は2007年、右は2017年に岩手県二戸市内にて撮影

場合1960年代で、最も多い時期は1990年代と比較的最近であることが分った(図1)。また、地域別にみると周囲植栽が残っていたのは主に浄法寺地区であった。この理由は次のようなものである。すなわち、1人前とされる80kg前後の漆を1シーズンで生産するためには、一般的に、1日当たり100本前後のウルシから漆を採取する必要がある。ウルシが1か所により多くまとまっているほうが、より少ない移動で、したがってより効率的に100本の木から漆液が採取できる。そのため、周囲植栽よりも面状植栽のほうが、より効率よく漆掻き作業を行なえる。ただし、漆掻き職人の多くは浄法寺地区に居住しているため、そもそも二戸地区よりも浄法寺地区のほうがより少ない移動距離で漆掻きを行なえる。このようなことから、より遠方の二戸地区では、より効率の悪い周囲植栽は残りにくかったものと考えられる。

図1　ウルシ面状植栽を最初に行なった年代(N=28)

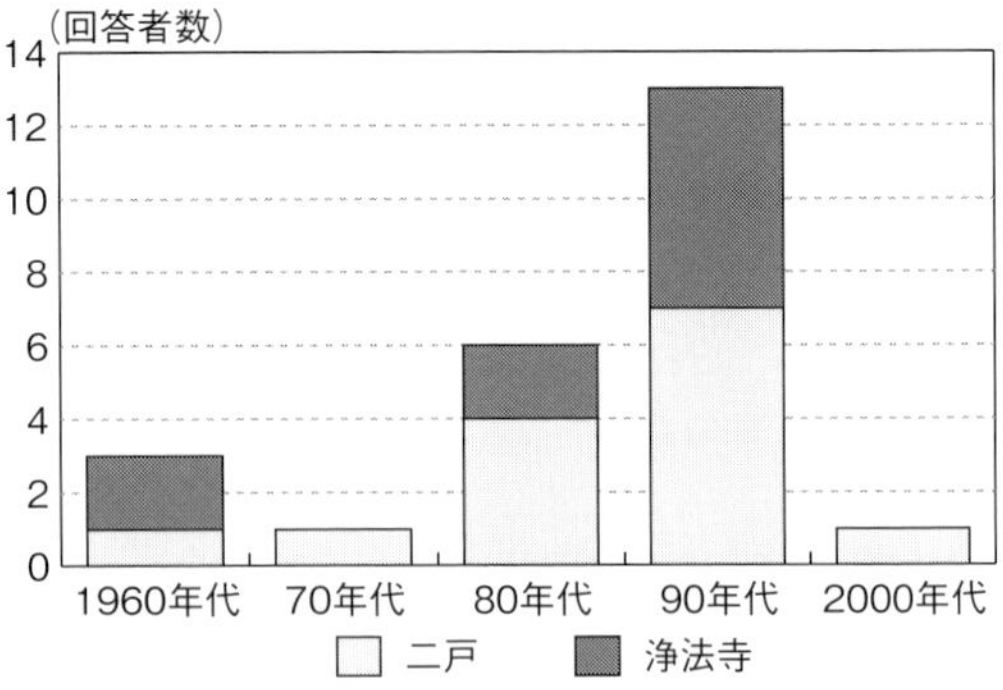

出典:ウルシ所有農家28件への調査による(3)

【畑からウルシ林への転換】

このように現在主流となっている面状植栽に移行する過程で、農家はどのような意思決定を行なったのだろうか。ウルシの面状植栽前の土地利用とウルシ植栽とを比較することで、筆者はこの点を検討している(3)。農家らがウルシの面状植栽を行なう前の土地利用については、最も多いのは雑穀や大豆の畑(16件)で、その他にタバコ(5件)や果樹(3件)がみられた(図2)。雑穀やタバコはいずれもこの地域の主要な作物の一つである。2つの地区による差はあまりみられなかったものの、果樹畑からの転換は二戸地区でのみみられた。ウルシへの転換の理由としては、雑穀からの転換の場合には、転換した時期に雑穀の収益性が悪化したことや、年齢や家族構成の変化によって雑穀生産の手間が大変になったことがあげられた。また、雑穀生産においても農業用機械を利用するようになり、機械を入れるにはアクセスが悪い、畑1枚当たりの面積が小さいために機械を入れるには効率が悪い、傾斜がきついため機械を入れられ

図2　ウルシ面状植栽前の作物(重複回答を含む)

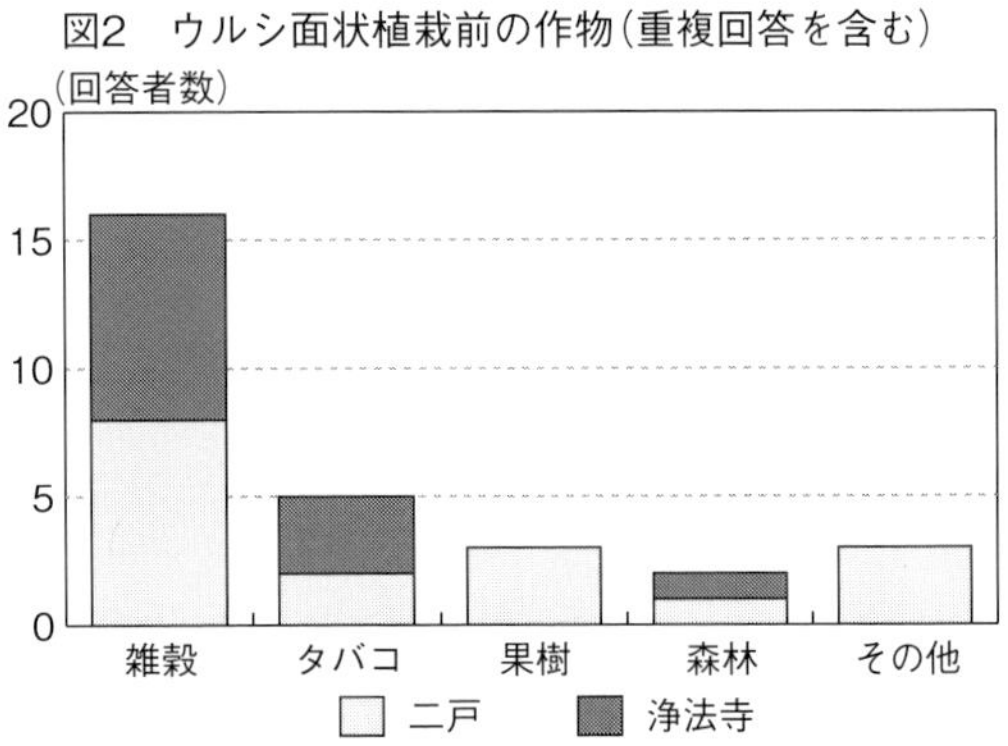

出典:ウルシ所有農家28件への調査による(3)

ないなど、機械導入に適さない場所にウルシを植えたといった理由もあった。

タバコからウルシへの転換の理由としては、雑穀と同様に機械を利用するようになってタバコ畑としては条件が悪くなったことや、自身や家族の高齢化とともに手間が大変になったことがあげられた。その他、減反政策によって水田を減反した場所にタバコを植えることにしたので、もともとタバコ畑だったところはウルシにしたというケースもみられた。

また、農家らはウルシへの転換の際に、ウルシ以外の林業利用も検討していた。それでもスギと比較してウルシを選んだ理由としては、スギよりも収益性がよいと考えたことや、スギよりも生育期間が短いため魅力的だったことがあげられた。

2017年時点でのウルシ林経営の収益性

●ウルシ林経営の収益性算出例

本節では、2017年時点でのウルシ林経営にどの程度の労力や費用が必要で、そのリターンとしてどの程度の収益が見込めるのかを、やはり筆者の報告(3)を参考にして紹介する。なお、以下に用いる費用や投下労働時間などの数字は、前節でも説明したウルシ植栽者である農家や地元の森林組合等へのインタビューに基づいたものだが、平均値の算出に耐えるほどのサンプルを集めることはできなかった。そのため、代表的な数値例を用いている。

【立木販売までの作業体系】

まず、植栽から立木販売に至る作業体系は次のようなものである。すなわち1年目には苗木生産者から購入した苗木の植栽作業と下刈り作業を行なう。植栽密度は田端(4)が推奨している上限の1200本、聞き取り調査から、1haの植栽に要する日数は7日、1haの下刈りに要する日数も7日である。2年目から立木販売を行なう15年目までは基本的に下刈り作業とつる伐り作業が必要である。ただし、林冠が閉鎖する7年目までは下刈り回数が多く、年間に1〜3回である。年1回と3回とでは下刈りの作業量としても実質的な効果としてもかなり大きな差がある。しかし、これは実際に農家等が申告する下刈りの必要回数に差があるためである。林冠閉鎖後の8年目から15年目までは2年に1回または1年に1回の下刈り作業が必要である。作業内容としてはつる伐りが主体となり、1ha当たりの所要日数を4日とした。また、15年目に販売可能な立木本数は植栽時から2割減少すると想定して、960本とした。

【苗木代と労賃】

次に、作業単価である。苗木代金は1本当たり190円だが、二戸市は苗木代金の半額補助を行なっているため実費用としては半額分のみを見積った。二戸市以外での植栽の場合は、苗木代を2倍にして再計算が必要である。植栽や下刈りの作業労賃は、作業員を雇用して行なう場合と農家の自家労働によって行なう場合とで異なる。前者の場合は、地元の森林組合等への聞き取りから1万2000円、後者の場合は東北地方の家族労働報酬(農業経営統計調査による)の6941円に諸経費1000円を加えた7941円とした。また、下刈り機械を使用する場合の追加経費として、作業員を雇用する場合には2000円、自家労働の場合には1000円を追加した。

【立木価格】

収入の立木価格については、1本当たり1500円、または2000円とされる場合が多い。2010年の調査では1000円から1500円で、2017年の調査では1500円から2000円とされた。また、岩手県浄法寺漆生産組合では近年の漆需要増加とウルシ資源不足の状況を受けて、2000円での購入を呼び掛けていることから、ここでは2000円とした。

以上の仮定のもとに収支を計算した結果は表3の通りである。ここから、総費用は下刈り回数の影響を大きく受けることが分る。雇用労働を用いた場合、総収入(＝立木販売収入)の192万円に対して、下刈り回数が少ない場合の総費用は107・6万円で、このときの収支はプラス84・4万円、下刈り回数が多い場合の総費用は264万円で、このときの収支はマイナス72万円である。両者の15年間の内部収益率はそれぞれ、5.6%、マイナス3.2%となるので、下刈り回数の多寡は、収益率がマイナスかプラスかを左右するのである。

【立木価格の影響】

聞き取り調査では、雇用労働を使用する場合は稀で、多くの所有者は植栽や下刈りを自家労働で行なっていた。その場合の収支はいずれもプラスで、下刈り回数が少ない場合は118・

郵便はがき

おそれいります
が切手をはって
お出し下さい

1078668

(受取人)
東京都港区
赤坂郵便局
私書箱第十五号

農文協
読者カード係 行

http://www.ruralnet.or.jp/

◎このカードは当会の今後の刊行計画及び、新刊等の案内に役だたせていただきたいと思います。　はじめての方は○印を（　）

ご住所	（〒　－　） TEL： FAX：		
お名前	男・女	歳	
E-mail：			
ご職業	公務員・会社員・自営業・自由業・主婦・農漁業・教職員（大学・短大・高校・中学・小学・他）研究生・学生・団体職員・その他（　）		
お勤め先・学校名		日頃ご覧の新聞・雑誌名	

※この葉書にお書きいただいた個人情報は、新刊案内や見本誌送付、ご注文品の配送、確認等の連絡のために使用し、その目的以外での利用はいたしません。

● ご感想をインターネット等で紹介させていただく場合がございます。ご了承下さい。

● 送料無料・農文協以外の書籍も注文できる会員制通販書店「田舎の本屋さん」入会募集中！
案内進呈します。　希望□

■毎月抽選で10名様に見本誌を1冊進呈■（ご希望の雑誌名ひとつに○を）

①現代農業　②季刊 地 域　③うかたま

お客様コード

17.12

お買上げの本

■ ご購入いただいた書店（　　　　　　　　　　書店）

●本書についてご感想など

●今後の出版物についてのご希望など

この本をお求めの動機	広告を見て（紙・誌名）	書店で見て	書評を見て（紙・誌名）	インターネットを見て	知人・先生のすすめで	図書館で見て

◇ 新規注文書 ◇　　郵送ご希望の場合、送料をご負担いただきます。

購入希望の図書がありましたら、下記へご記入下さい。お支払いはCVS・郵便振替でお願いします。

（書名）	（定価）¥	（部数）　部
（書名）	（定価）¥	（部数）　部

460

5万円、多い場合は18・2万円となり、内部収益率はそれぞれ9.2%、1.0%となる。ただし、2010年時点で大勢を占めた立木価格1500円を用いて収益性の試算を行なうと、収支は29・8万円の赤字から70・5万円の黒字、内部収益率ではマイナス1.8%から6.4%となる。つまり、立木価格が1500円か2000円かで、収益がプラスかマイナスかが分れる場合があることが分る。したがって、近年の漆需要の増大に伴う立木価格の上昇は、ウルシ生産の収益性改善に与える影響は大きいと考えられる。さらに、2010年頃よりも以前には立木価格が1000円程度だった場合もあったとされている。その場合にはウルシ林経営の収益性は、さらに悪化するため、ウルシ植栽が進まなかった要因の一つだったと思われる。

【下刈り作業の比重】

これまでの試算でみてきたように植栽費用に占める下刈りの比率は大きく、低い場合でも77%、高い場合には93%を占めていた。そのため、ウルシ林経営の費用削減に取り組む場合にも、下刈りの省力化がもっとも効果的だと考えられる。この点に関連して、聞き取り調査のなかで、一般的な手持ち式の刈払い機ではなく、通常は果樹園の管理などに用いられる乗車型の機械に刈払い用にアタッチメントを取り付けて下刈りを行なっているケースがみられた。この植栽者によれば、手持ち式の機械に比べると乗車型の機械のほうが、作業時間を2分の1から3分の1に削減できるとのことだ。下刈り費用削減対策の一つと考えられるものの、乗車型であるため導入可能な地形・地理的条件が限定される点に留意する必要があるだろう。

【下刈り作業の適正化】

先に述べたように農家が申告する必要な下刈

表3 ウルシ立木生産(1ha)の費用と収入の試算例[3]

	実施年次	作業	作業回数	数量 単位	作業員を雇用した場合(2017年) 単価	実最小費用	実最大費用	自家労働で作業を行なった場合(2017年) 単価	実最小費用	実最大費用
費用	1年目	苗木	1	1,200本[1)]	¥190[1)]	¥114,000	¥114,000	¥190[1)]	¥114,000	¥114,000
		植栽	1	7人・日[2)]	¥12,000[1)]	¥84,000	¥84,000	¥7,941[3)]	¥55,587	¥55,587
		下刈り	1〜3	7人・日[2)]	¥14,000[1)]	¥98,000	¥294,000	¥8,941[3)]	¥62,587	¥187,761
	2〜7年目	下刈り	6〜18	7人・日[2)]	¥14,000[1)]	¥588,000	¥1,764,000	¥8,941[3)]	¥375,522	¥1,126,566
	8〜15年目	下刈り	4〜8	4人・日[2)]	¥12,000[1)]	¥192,000	¥384,000	¥7,941[3)]	¥127,056	¥254,112
	合計					¥1,076,000	¥2,640,000		¥734,752	¥1,738,026
収入	15年目	立木代		960本	¥2,000[1)]	¥1,920,000	¥1,920,000	¥2,000	¥1,920,000	¥1,920,000
差額						¥844,000	¥-720,000		¥1,185,248	¥181,974
内部収益率						5.6%	-3.2%		9.2%	1.0%

1)浄安森林組合へのインタビューによる。
2)ウルシ植栽者へのインタビューによる。
3)「農業経営統計調査」の1日当たり家族労働報酬に基づく。

り回数の差は大きいものの、その原因は明らかではない。しかし、次のような推察は可能である。考えられる理由の一つとして、地理的条件や土壌条件などから、下刈り対象となる植物の繁茂に差があるためというものである。これにはウルシ林に転換する前の土地利用のあり方や、ウルシ林の周囲の植生なども関係しているかもしれない。もう一つの理由として、ウルシ以外の植物の繁茂状況に対する農家の許容限度に差があることも考えられる。この場合には、ウルシ林の成長にとって本来必要な程度を越えて下刈りを行なっている場合や、反対にウルシ林の成長にとって好ましくない程度しか下刈りが行なわれていない場合もありうる。そのような状況を改善するためには、造成や管理に関わる研究によってウルシ林の成長に必要な下刈り回数を解明することとともに、そうした研究成果の普及を図ることが重要と考えられる。

（林　雅秀）

4章

漆の利用

漆の特性

●漆の化学構造解明の歴史

「ウルシから採れる樹脂を含む木部樹液（漆液）は一定の温度湿度条件下で硬化する」という性質は、縄文時代の昔から知られており塗料や接着剤として利用されてきた[1,3]。その一方で、「なぜ硬化するのか」「どのような成分で構成されているのか」という科学的な研究は150年程前から進んできた。漆の化学的な性質についてはじめて研究されたのは、1878年に東京帝大（東京大学）の石松決《さだま》によるアルコールを用いた成分の分離に関してのものである。その後、農商務省の吉田彦六郎、東京帝大の三山《みやま》喜三郎により研究が進められ、漆液の主成分が「ウルシオール」と名付けられた。さらに1907年頃から眞島利行によって正確なウルシオールの構造解析が進められ、ウルシオールの化学構造が決定された（図1）。

図1　眞島利行によって発見されたウルシオールの構造

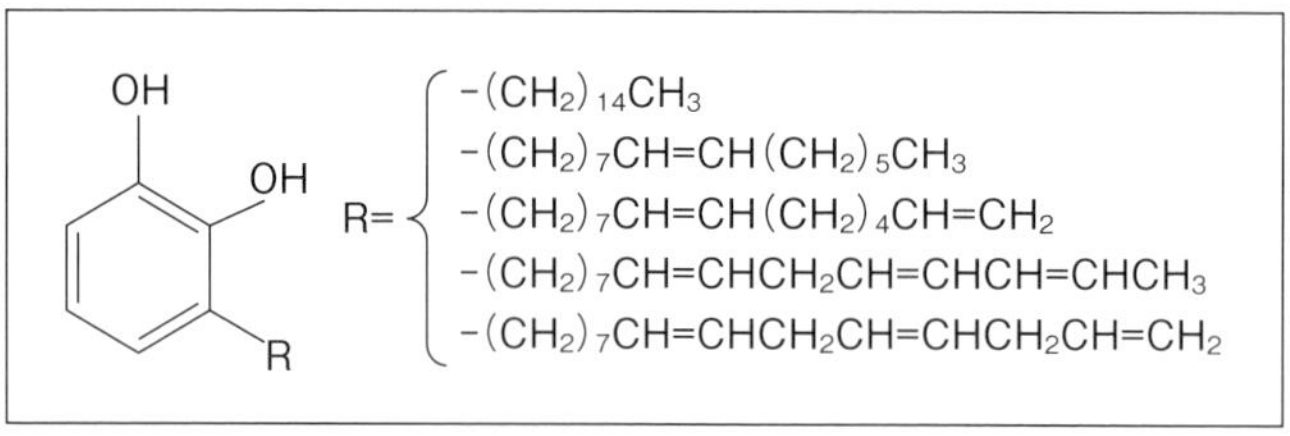

その後、宮腰らによって明らかにされたウルシ、ハゼノキ、ビルマウルシから採取された漆液の主成分と他の成分の組成は、表1のとおりである[1]。これらの成分は「油中水球型のエマルション構造」をとっていることが知られている。例えば、牛乳は、水の中に油（脂肪）が分散した「水中油球型のエマルション構造」であることが知られているが、それとは逆に漆の場合は、油（ウルシオール）の中に水が分散した構造をとっている。一般に水と油は混じり合わないが、どちらかの球の表面に界面活性剤が作用すると、片方の成分にもう片方の成分が分散し安定化した状態になる。この状態をエマルションといい、一般的には見た目は濁った溶液になる。さらに漆の場合は、水球中に水に溶ける成分である酵素や多糖といったゴム質が溶けている[1]。

表1　樹種・産地による漆液の成分組成の違い

試料	脂質成分（%）	水分（%）	ゴム質（%）	含窒素物（%）
ウルシ（*Toxicodendron vernicifluum*）				
日本産	71.5	18.3	7.5	2.6
韓国産	66.0	24.6	6.0	0.3
中国産	70.7	20.4	6.2	2.7
ハゼノキ（*T. succedaneum*）				
ベトナム産	47.2	34.9	15.0	2.8
ビルマウルシ（*Gluta usitata*）				
タイ産	67.2	29.5	2.2	1.1

●アジアの漆——採取地域と採取法

アジア各地域の漆液採取風景。左から日本、ベトナム、ミャンマー

アジアで漆を採取している地域は、中国、韓国、ベトナム、タイ、ミャンマーが挙げられる。これらの国の漆液の組成は、表1のとおりである(1)。

日本、ベトナム、タイおよびミャンマーの漆液の採取風景を写真に示した。漆の採取は日本では伝統的に傷を付けた数分後に掻き取るのに対して、ベトナムでは付けた傷の下側に貝を固定し、ここに流れ落ちた漆液を十数分後に回収する。一方、タイやミャンマーでは傷の下側に竹を斜めに切った筒を固定し、2～3日後に回収して漆液を採取する。

●漆が硬化するしくみ

【主成分ウルシオールの構造】

このように化学組成や成分比は異なる各国の漆であるが、硬化する際の反応機構は同じである。これは木の種類が異なっていても漆液の果たす役割は同じで、例えば、漆は人間が傷を受けたときにできるカサブタに相当すると考えられる。カサブタは人間であれば、傷の付いた部分を速やかに固め、さらなる出血を防ぐものであるが、木にとって漆液も同様の役割を果たしていると考えられる。ここで漆液に求められる性質として以下の二つのことが考えられる。

①ウルシの中では固まってはいけない

②ウルシからしみ出した時には固まらなければならない

これを満たすために、漆液を構成する成分のうち「ウルシオール」と「酵素」が働くと考えられる。ウルシオールの主成分を簡略化した

図2　ウルシオールの代表的な構造とそれぞれの部位の役割

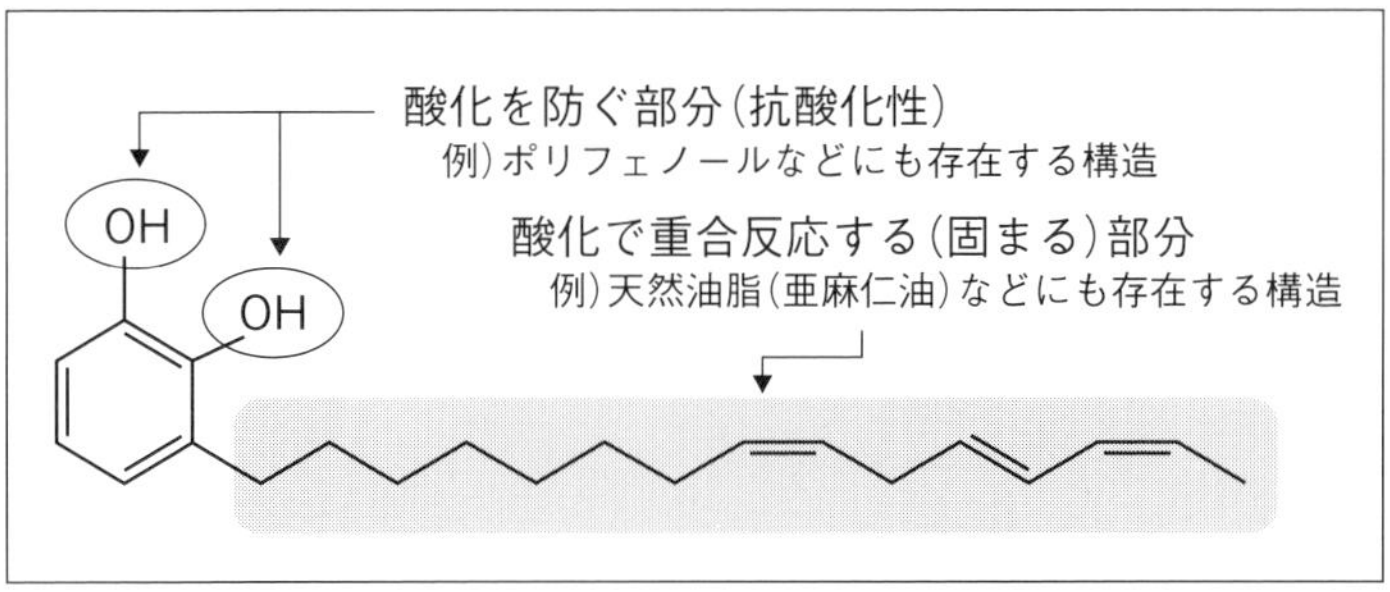

構造が図2である。ウルシオールは六角形のベンゼン環に2つの水酸基(-OH)とジグザグで示された長い炭素鎖から成り立っている。この長い炭素鎖には二重結合が含まれている。ベンゼン環に付いた水酸基は、フェノール性水酸基と呼ばれ、抗酸化性を有している。抗酸化性とは、空気中の酸素による酸化反応を阻害する性質である。一方、二重結合は空気中の酸素と反応する性質がある。この反応は、自動酸化反応と呼ばれ、サラダ油がキッチン周りで黄色く固まってしまう反応と同じ反応である。つまり、ウルシオールには酸素による酸化を抑制することができるフェノール性水酸基と酸素と反応してしまう二重結合が併存しているのである。一般的にフェノール性水酸基に由来する抗酸化性の方が、二重結合の酸化しようとする性質よりも強い。このことが、漆液がウルシの樹皮中で硬化しにくい要因の一つと考えられる。

【酵素ラッカーゼによる硬化】

一方、漆液は傷から流れ出すとしばらくして固まる。ここで先述の酵素が鍵となる。酵素には様々な性質を持ったものが存在するが、漆液の中に入っている酵素はラッカーゼと呼ばれる種類である。ラッカーゼは、フェノール性の水酸基を酸化させる性質がある。ラッカーゼによって酸化が進むと、水酸基の水素を失い抗酸化性を失う。このラッカーゼはある程度の温度と湿度がある環境でないと働かない性質があり、樹皮の中では漆液が固まることはなく、木から流れ出たときに固まる。この反応は酵素による酸化によって進むため、酵素酸化重合反応と呼ばれている。また、ウルシオールのフェノール性水酸基が酸化すると抗酸化性が失われ、側鎖の二重結合の部分は空気中の酸素と反応を起こして重合する。この反応は酸素があると、自動的に進むため、自動酸化重合反応と呼ばれている。この反応は長い時間をかけて進行することが知られており、漆液の場合には最低半年かかることがこれまでの研究で分っている。

●漆による錆防止や装飾への利用——南部鉄瓶の焼付け漆

漆の硬化反応に関しては、先述の酵素反応を利用したもの以外に、熱を利用した方法が存在する。漆は日本・中国産漆の場合、120℃で4時間、150℃で2時間、180℃で1時間程度加熱することで硬化することが知られている。[2] しかしながら、漆の熱による硬化に関しては、細かい機構は全く明らかになっていない。

熱による硬化の利用法として南部鉄瓶の例が挙げられる。南部鉄瓶の場合には漆を塗った後に硬化させるのではなく、高温(約240~320℃)の鉄瓶に漆液を焼き付ける方法で作られている点が特徴である。木下の論文中でも240℃以上になると硬化パターンが変化することが分っており、南部鉄瓶の優れた耐熱性や耐水性もこのような特徴に由来していると考えられている。

●光による漆の劣化のしくみ──二重結合、含窒素物とゴム質

硬化した漆は、水や有機溶媒、種々の酸・アルカリ物質に高い耐性を有している。一方で、漆器は光に大変弱いということもよく知られている事実である。漆は光にさらされると、比較的容易に白化(表面が粗くなり、見た目が白くなること)する。劣化の原因は漆の中に含まれる二重結合とゴム質、含窒素物であると考えられる。

まず、漆が硬化するときに利用される二重結合であるが、漆の硬化が十分に進んでも、この二重結合は若干残ってしまう。二重結合は空気中の酸素で重合する一方で、空気中で光に触れると、結合が切断される起点としての反応も起こしてしまう。そのため、架橋反応が進行し強固な塗膜となった漆であっても、光に触れると、二重結合の部分から若干の欠損が発生してしまう。この欠損が発生すると、塗膜表面に凹凸が生じるため、光の反射が不均一になり、光沢が減少する。

さらに、漆の中に存在している含窒素物やゴム質が表面に露出する。この露出した物質は白く見えるため、表面の凹凸と相まって塗膜が白化する。実際に漆膜に対して紫外線を照射後に、顕微鏡観察を行なうと、塗膜表面に凹凸が発生し、その隙間から固形物が観察できる(下の写真)。このような劣化が起こった場合には、漆器の場合は漆を塗り直すことで修理が可能である。

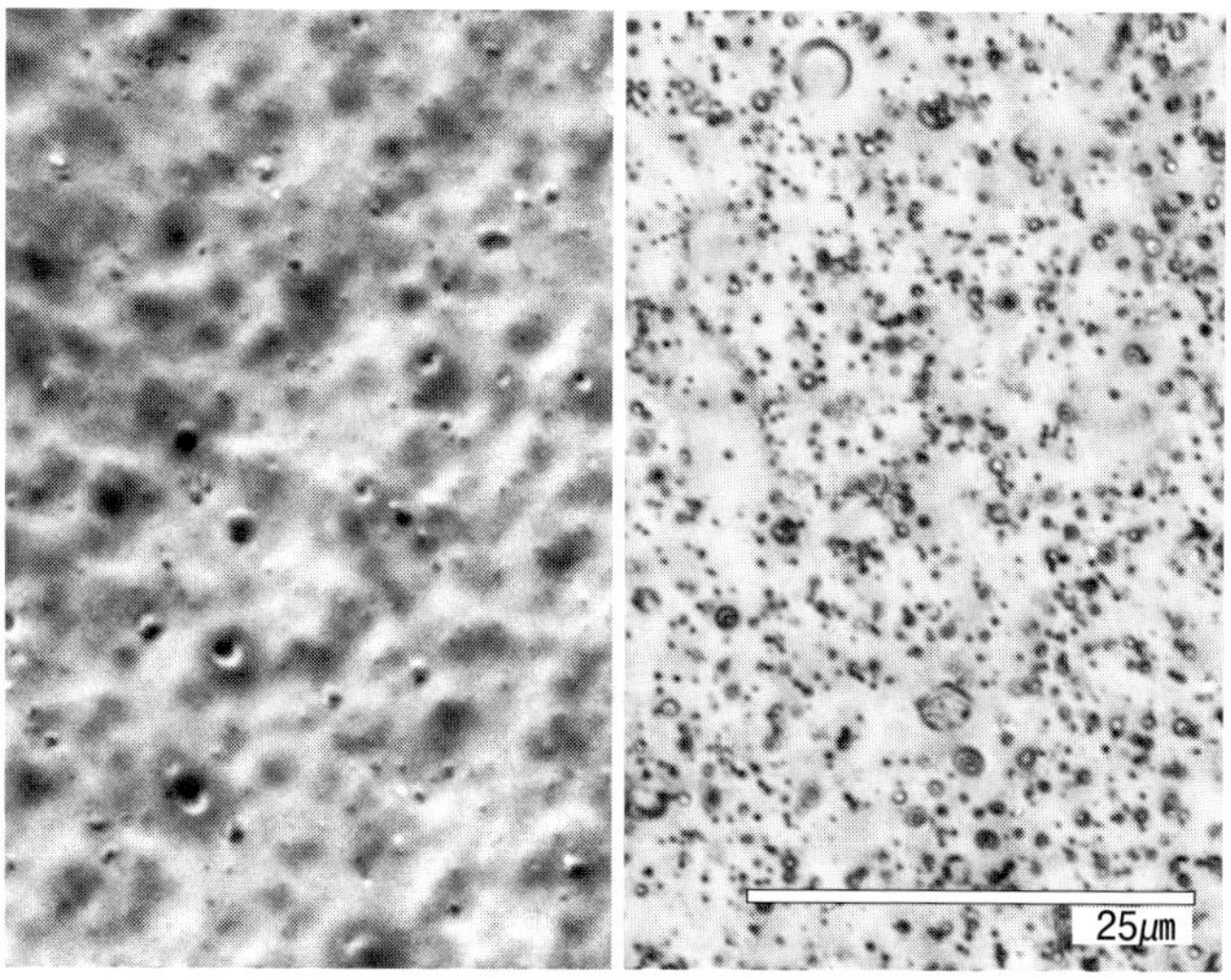

紫外線照射の影響。照射前(左)と照射後8時間の漆塗膜拡大写真、日本の約1年間分の紫外線量を照射

●漆の利用と用途──塗料として、接着剤として

漆は硬化にある程度の温度と湿度が必要であるが、塗料や接着剤として長く利用されてきた。漆液は木に傷を付けると、しみ出してくる樹脂を含む木部樹液であり、これを集めて利用する。しかしながら、採取したばかりの状態では細かい木くずなどが入っており、塗料としては利用できない。そこで、漆は精

図3　漆の精製手法と作られる漆液の名称

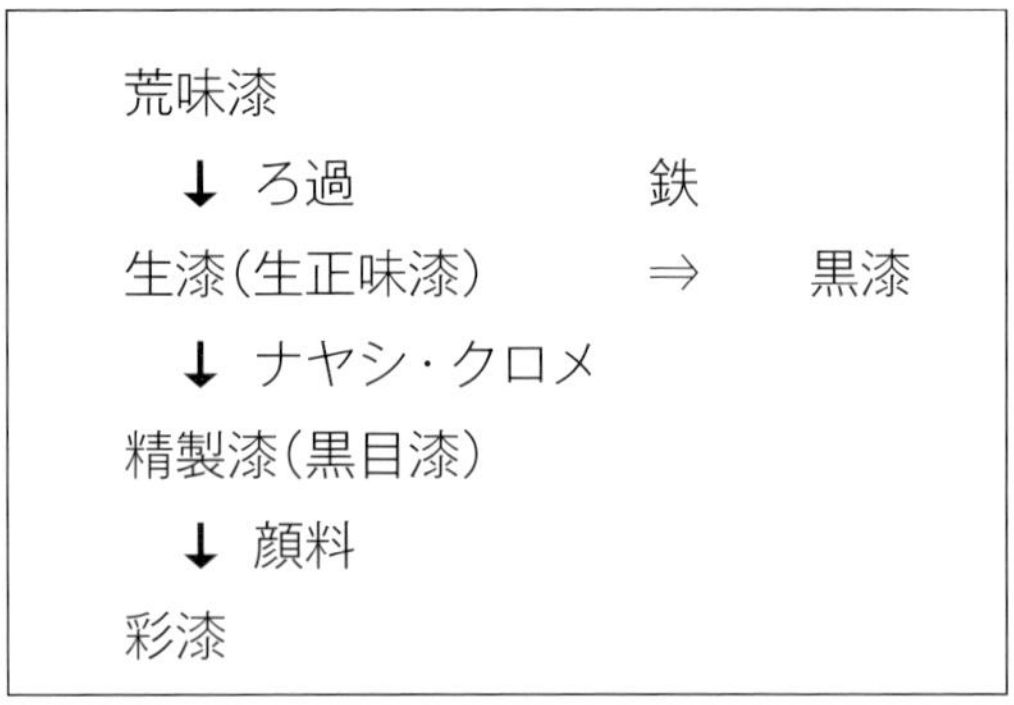

製処理を行なってから利用される(図3)。

採取されたばかりの状態を「荒味漆《あらみうるし》」と呼び、これを漉して大きなゴミを取り除いたものを「生漆《きうるし》」と呼ぶ。今では漆を漉すために綿を入れて遠心分離や圧縮により生漆とするが、縄文時代は布で漉した痕跡が認められている。[3] この生漆は全体の20％程度が水分で構成されており、エマルションのサイズも大きいため乾燥したときの表面が荒れてしまい光沢感に乏しい。そこでこの生漆に対して攪拌(ナヤシ)と加熱(クロメ)を行なうことにより光沢のある「精製漆」を作る(図4)。この精製漆に透明感やさらなる光沢を求める場合には荏胡麻《えごま》油などを加えてから利用する例もある。

また、精製漆に対して松煙《しょうえん》を加えることでより黒い漆を、辰砂《しんしゃ》(硫化水銀)や弁柄《べんがら》(酸化鉄)を加えることで赤色の漆を、石《せき》黄《おう》(硫化ヒ素)を加えることで黄色の漆を、黄色漆に藍を加えることで緑色の漆が作られている。これらの色漆は、漆に対して他の色を加えることで着色をしているが、生漆に鉄分を加えてウルシオールと反応させることで黒漆を作る手法も存在し、現代の黒漆は、一般的にこの手法で作られている。[4]

このようにして作成された様々な漆は、その用途によって使い分けされている。例えば、生漆は他の無機物を加えて下地として利用したり、精製漆はその光沢を活かすために上塗りに使われたりすることが多い。

このように塗料としての側面が強い漆であるが、実際には「金継《きんつ》ぎ」に代表されるような接着剤としての利用法も存在する。金継ぎは、割れてしまった陶器や磁器を漆によって接着・加飾する技法である。この加飾にも現在では接着した部分を金粉などで華やかに飾る手法がある。また縄文時代に遡ってみると、注口土器《ちゅうこうどき》(急須のような土器)の注ぎ口部分が折れてしまった場合、これを再度固定するために漆が用いられた例も多く存在[5]する。このような使われ方をしていることは、当時の人々

図4　ナヤシとクロメの効果

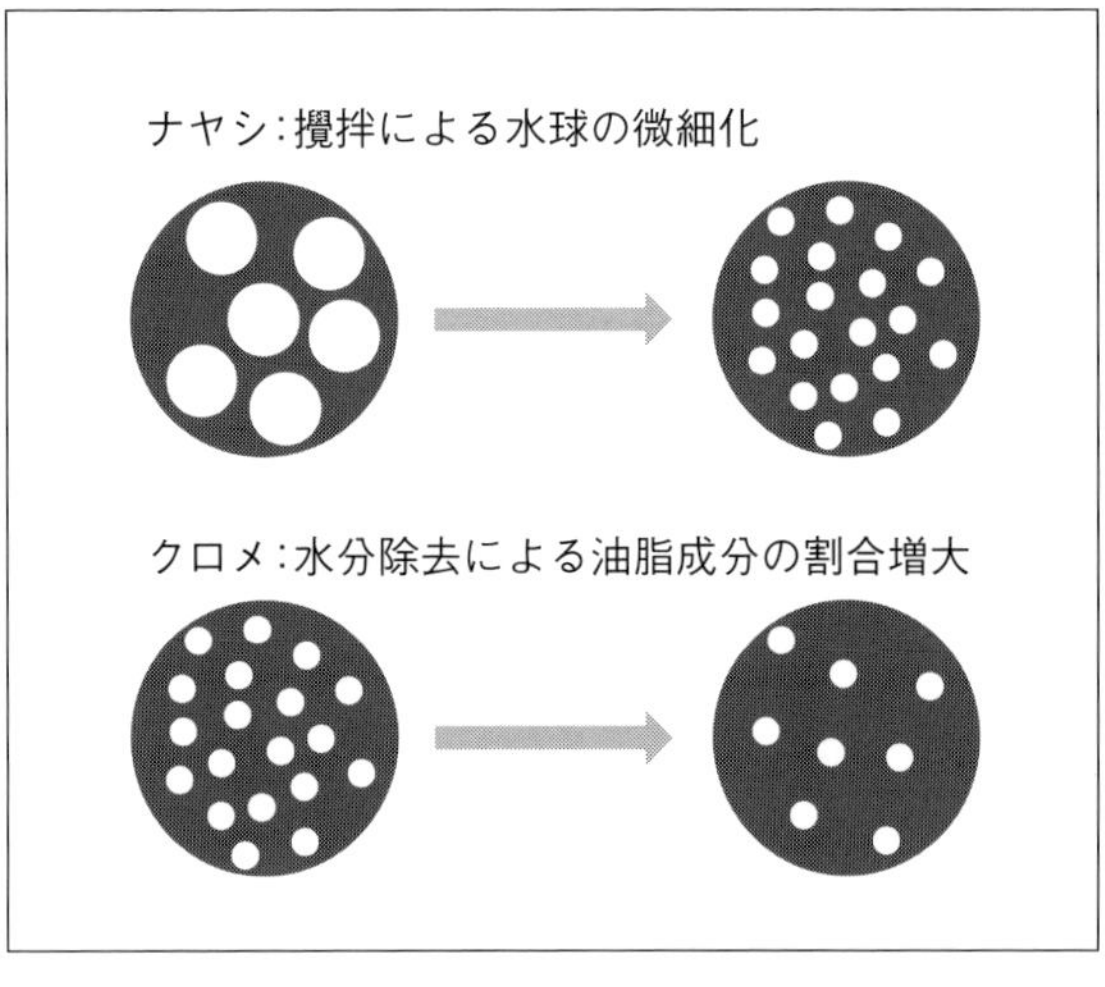

が漆を「水に強く、接着すれば再度壊れることは少ない丈夫な塗料」ということをよく理解していたと考えられる。漆は「ｊａｐａｎ」といわれるが、これは縄文時代から漆を塗料や接着剤として使いこなしてきたこのような裏付けがあるから、とも言えるのではないだろうか。

（本多貴之）

未利用漆の利用

●未利用漆とは

漆と呼ばれているものは、現在流通している、つまり「利用されている漆」＝「辺漆《へんうるし》」と[1][2]「ほとんど利用されていない漆」＝「未利用漆」の2つに大別される。未利用漆は辺漆を掻いた後に採取される漆で、裏目漆《うらめうるし》、留漆《とめうるし》、枝漆《えだうるし》などがある（表1）。

表1　辺漆および未利用漆の採取時期と名称の一覧

時期	6月中旬〜7月中旬	7月下旬〜8月下旬	9月上旬〜9月下旬	10月上旬〜10月中旬	10月中旬〜積雪まで	積雪時期（屋内作業）
名称	辺漆			未利用漆		
	初辺漆	盛辺漆	末辺漆	裏目漆	留漆	枝漆

元々、未利用漆は利用されていたとされているが、石油化学の発達に伴う合成塗料の利用拡大によって漆の利用が減少し、採算が取れなくなったため利用されなくなったと考えられている。実際に農林水産省がまとめている特用林産物の生産量に1942年以降の漆の生産量が記録されている（図1）。漆は1950年代までは10t以上利用されていたが1961年を境にその量が激減する。これは、合成塗料の主力であり、車のボディーペイントにも用いられるアルキド樹脂が一般化し普及したことが要因と考えられる。その後、2010年頃の生産量は年に1t程度の状況となってしまった。

このような状況の中、2015年2月に文化庁が「原則として寺社など国宝・重要文化財建造物を修復する際、原則として下地を含め国産漆を2018年度から使用する」との指針を示したため、国産漆の状況が大きく変化したと考えられる。文化庁の調査によれば、日本国内の国宝・重要文化財建造物の修復には1年当たり2.2t必要であると試算している。つまり、圧倒的に国産漆の量が足りていない状況となっている。

図1　1942年以降の漆生産量

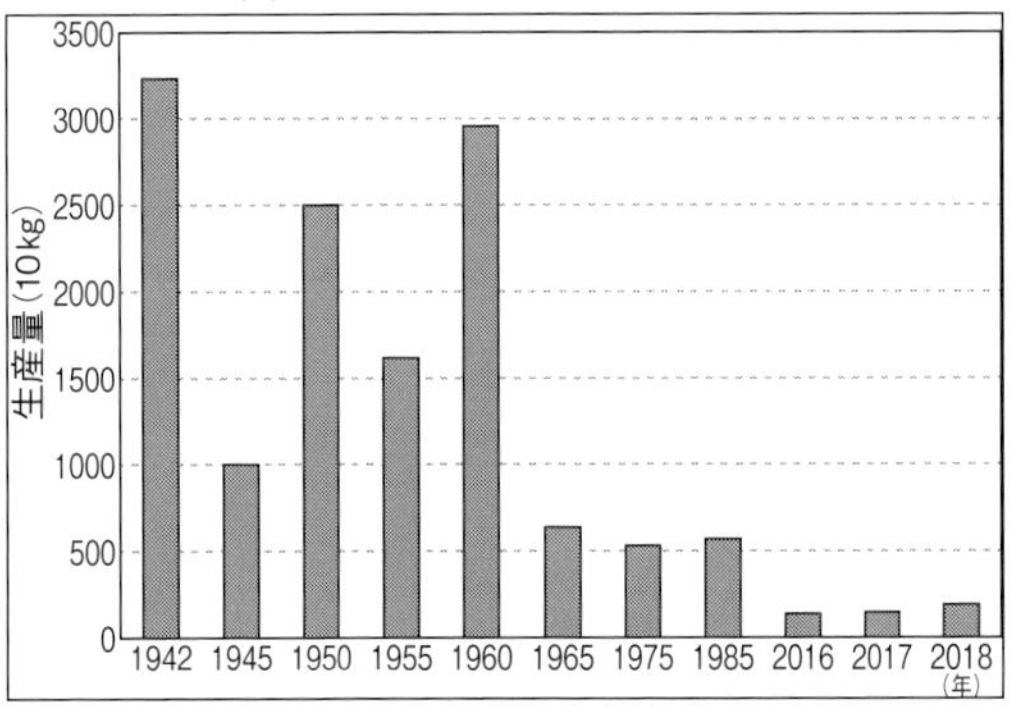

●未利用漆を知る

一般的に、「未利用漆は硬化性が悪く、肌が悪いため漆工には不向きである」と考えられていた。しかし、未利用漆の硬化などに関する研究はほとんど行なわれていない。そこでまず、未利用漆の硬化速度性を評価した。

表2　未利用漆の硬化性測定結果

種類	採取年度	産地県名	硬化速度[h]			1週間後の塗膜物性			
				TF	HD	硬度	L*	a*	b*
裏目漆	2015	岩手	39	41	48	3B	21.3	5.0	0.9
		長野	37	43	95	5B	22.8	12.7	4.4
	2016	岩手	6	9	17	F	9.3	17.0	7.0
			-	-	-	HB	33.3	19.3	12.1
		茨木	13	15.5	29	HB	20.1	29.5	21.5
		長野	-	-	-	6B	31.0	19.7	11.4
		岐阜	6	9	20	F	12.4	12.3	4.4
	2017	岩手	6	8.5	13	HB	13.8	15.1	6.1
		茨城	2	4.5	9	HB	24.8	36.5	34.3
		長野	11	17	48	6B>	22.6	30.2	24.8
留漆	2015	岩手	24	34	62	6B	22.2	7.4	1.9
		長野	31	37	45	5B	24.0	7.8	2.2
	2016	岩手	17.5	22.5	-	2B	13.5	15.9	6.8
			26.5	44	-	HB	21.3	12.5	4.9
		茨木	12	14.5	24	HB	20.2	30.0	22.7
		長野	15.5	17.5	-	B	12.9	12.4	4.6
		岐阜	5	17.5	72	HB	18.4	23.2	13.9
	2017	岩手	5.5	9	16	B	13.1	27.6	17.2
		茨城	7	11	19	B	17.1	29.2	20.2
			—	—	—	6B>	32.4	23.1	15.4

1）硬化条件：膜厚：76 µm(wet)、気温：25° C、湿度：75%RH
2）鉛筆硬度：堅い6H＞5H＞4H＞3H＞2H＞H＞F＞HB＞B＞2B＞3B＞4B>5B>6B

漆塗膜の硬化における段階は、ダストフリー（DF）―タッチフリー（TF）―ハーデンドライ（HD）の3段階で評価を行なう。DFは「塗膜の表面のみが乾いた状態、指で触ると指紋が付いてしまう状態」、TFは「手で触っても指に付かないが、強く押し込むと塗膜が凹んでしまう状態」、HDは「強く押し込んでも凹まない状態」を示している。また、各塗膜について1週間後の鉛筆硬度を測定した。鉛筆硬度は、鉛筆の硬さで塗膜の硬さを評価し、どの鉛筆の硬さに相当するかを調べる方法である。なお、人間の爪の硬さがおおよそ2Hである。

表2に裏目漆および留漆の測定結果を示したが、ほとんどの漆液において辺漆の値と比較して、硬化が遅いという結果になった。

●未利用漆の加熱硬化による利用

以上のような結果を受け、未利用漆を実際の製品に活用しようとした場合は通常の室を用いた硬化ではなく、他の方法が適していると判断し、南部鉄器と同じような加熱硬化を利用した利用を検討した。

まず、これまでの研究から分っている、漆の加熱硬化に適した温度帯[3]である150〜210℃を目安に2016年に採取された漆を用いて硬化試験を行なった（表3）。

150℃であれば60分以上、160℃であれば30分以上の加熱を行なえば十分に硬化することが分った。また、150〜160℃に温度を向上させたことで塗膜の光沢度も大きく上昇した。これは、塗膜内に存在する多糖類などの固形成分がこの温度付近で溶解し、均一になったためと考えられる。しかしながら、160℃での最終的な硬さは最高でFであり、実際に使用することを考えると、人の爪で傷が付いてしまう程度の硬さで

表3　加熱硬化による未利用漆の硬化特性

硬化条件 温度[℃]	硬化条件 時間[min]	種類	産地県名	塗膜物性 鉛筆硬度	L*	a*	b*	光沢値(%)
150	60	裏目漆	岩手	HB	8.78	23.86	11.29	68.3
				F	5.01	16.69	5.53	55.3
			茨城	B	14.28	29.90	21.62	69.8
			長野	3B	12.08	28.22	18.41	80.5
			岐阜	F	6.46	20.94	7.86	58.2
		留漆	岩手	2B	5.62	20.86	7.51	69.4
				B	3.70	10.60	3.39	55.1
			茨城	HB	10.81	23.59	12.65	55.8
			長野	B	7.87	23.03	10.12	76.8
			岐阜	F	6.05	19.09	6.78	46.4
160	30	裏目漆	岩手	B	1.09	1.92	0.76	105.5
				6B>	2.00	4.38	1.65	102.5
			茨城	3B	1.45	3.17	1.25	104.5
			長野	4B	1.44	2.78	1.02	101.3
			岐阜	4B	0.84	1.04	0.41	104.1
		留漆	岩手	6B>	1.89	5.28	1.98	86.0
				3B	1.18	1.89	0.77	103.7
			茨城	3B	1.33	2.59	0.94	104.5
			長野	3B	1.02	1.51	0.60	104.6
			岐阜	3B	0.66	0.37	0.19	104.1
160	60	裏目漆	岩手	F	0.92	1.31	0.54	106.1
				3B	1.28	1.13	0.43	103.7
			茨城	B	1.00	1.62	0.61	105.1
			長野	B	0.91	1.03	0.42	103.7
			岐阜	F	0.83	0.89	0.36	105.1
		留漆	岩手	HB	0.91	0.84	0.31	89.9
				HB	0.86	0.79	0.37	105.1
			茨城	F	1.11	1.54	0.48	105.2
			長野	2B	0.83	0.76	0.31	105.4
			岐阜	F	0.81	0.38	0.20	104.7
180	60	裏目漆	岩手	H	0.80	0.26	0.14	105.5
				F	0.63	0.27	0.11	105.6
			茨城	H	0.94	0.56	0.20	104.9
			長野	H	0.61	0.24	0.13	103.8
			岐阜	H	0.61	0.29	0.21	105.0
		留漆	岩手	F	0.59	0.24	0.07	83.7
				H	0.66	0.21	0.16	104.2
			茨城	H	0.96	0.34	0.10	104.1
			長野	H	0.60	0.19	0.07	106.0
			岐阜	2H	0.64	0.28	0.18	105.1

1）基板：ステンレス、膜厚：76 µm(wet)
2）鉛筆硬度：堅い6H>5H>4H>3H>2H>H>F>HB>B>2B>3B>4B>5B>6B

あった。そのため、さらに温度を上げて、180℃で加熱を行なったところ、60分で2Hの硬さにまで硬度が向上した。また、色彩値L*・a*・b*の値も0に近くなり、色素はより黒くなった。さらに、この条件をステンレスよりも軽量で加工性にも優れるアルミにも適用し、その密着性や硬度を確認した（表4）。

一般にアルミに漆は接着が悪いと言われているが、今回利用した未利用漆の場合には、比較的密着性は良いという結果であ

表4　基板を変えた場合の密着性や硬度の変化

基板	種類	産地県名	塗膜物性 鉛筆硬度	L*	a*	b*	光沢値（%）	密着性
ステンレス	裏目漆	岩手	H	0.80	0.26	0.14	105.5	○
			F	0.63	0.27	0.11	105.6	○
		茨城	H	0.94	0.56	0.20	104.9	○
		長野	H	0.61	0.24	0.13	103.8	○
		岐阜	H	0.61	0.29	0.21	105.0	○
	留漆	岩手	F	0.59	0.24	0.07	83.7	○
			H	0.66	0.21	0.16	104.2	○
		茨城	H	0.96	0.34	0.10	104.1	○
		長野	H	0.60	0.19	0.07	106.0	○
		岐阜	2H	0.64	0.28	0.18	105.1	○
アルミ	裏目漆	岩手	F	0.98	0.42	0.21	101.6	△
			F	0.65	0.77	0.34	103.9	○
		茨城	F	0.89	0.71	0.27	102.2	○
		長野	F	0.61	0.33	0.22	96.9	○
		岐阜	F	0.59	0.61	0.27	102.5	△
	留漆	岩手	F	0.72	1.02	0.40	85.0	○
			F	0.74	0.32	0.25	100.2	△
		茨城	F	0.85	1.32	0.55	102.1	○
		長野	F	0.88	0.23	0.18	101.1	△
		岐阜	H	1.35	0.31	0.16	100.2	△

1）膜厚：76 µm(wet)
2）鉛筆硬度：堅い6H>5H>4H>3H>2H>H>F>HB>B>2B>3B>4B>5B>6B

った。これらの結果をもとに、実際の商品をイメージした試作品を作成した。これまでで密着性の良かったアルミとスチールを基板とした製品として、前者は軽いことを利用した屋内で移動させて好きな場所で使える間接照明を、後者は重みから来る安定感を活かして置き時計を製作した。これらの試作品は「漆サミット2018 in 盛岡」や、日本漆アカデミー主催の講演会での展示などで紹介され、いずれも高い評価を受けた。

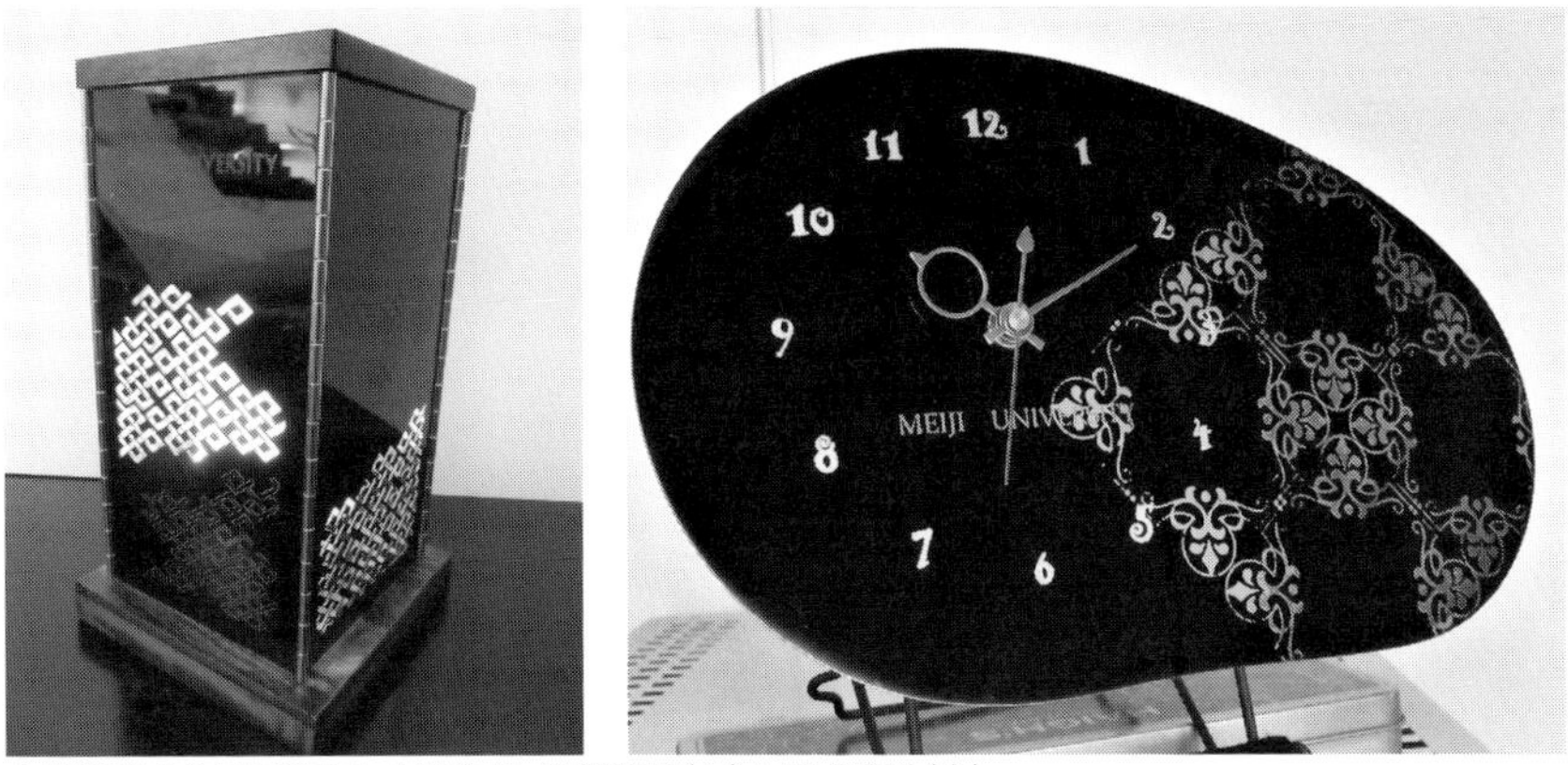
未利用漆を金属に塗布した試作品。間接照明（左）と置き時計（右）

漆は縄文時代から利用されてきた材料であるが、経済成長に伴って合成塗料にその座を奪われて、その使用量や生産量は減少し、漆利用の場面も限られてきた。しかしながら、再生可能な材料の活用が期待されはじめた現在において、漆の新たな再生可能資源としての側面を強く押し出し、活用法を広げていくことも重要であろう。

（本多貴之）

木粉と漆の利用

◆漆の高温で硬化する特性に注目

漆を構成する成分は、ウルシオール、ゴム質(多糖)、含窒素物(糖タンパク)、ラッカーゼ(酵素)および水分である。漆は、常温ではラッカーゼが湿度の存在下でのみ働いて空気中から酸素を取り入れ、主成分のウルシオールを酸化重合させ、膜を造る。この場合、高湿度ほどラッカーゼは活発に働いて硬化は早くなるが、漆は天然物であるため、産地や採取時期、採取時刻、保管期間などの違いにより同じ温度・湿度条件であっても硬化時間にばらつきを生じ、安定性に欠ける。[1]

伝統技法による飾り金具への漆の焼付け

一方漆は、高温になるとラッカーゼは失活して働かなくなるが、およそ90℃以上でウルシオールが熱重合により膜を造るようになる。この漆の高温による硬化は焼付け漆と呼ばれ、古墳時代頃から甲冑や神社の飾り金具など金属の漆塗りに用いられてきた。[2] 金属に漆は付着しにくく、常温で硬化させただけでは剥がれやすいが、漆を焼付けることにより、付着性や硬さなど漆膜の性能が向上する。[3,4] また、硬化に酵素が関与しないため、硬化温度と硬化時間の関係がほぼ安定していることが分っている。[3]

◆木粉と漆を混錬した成形材料の開発

このように漆が高温で硬化する特性に着目し、粒度の細かい木粉(植物繊維)と漆を混練後、ある段階まで高温で熱処理することにより、粉末状にできることを見出した。また、この木粉と漆の混練物は、粉末化した状態においても、漆が完全硬化していない状態で、反応の余地があることからコンパウンド(成形材料)として使えることが認められた。適正な熱処理範囲で作成した木粉と漆のコンパウンドは、規定量金型に入れた後、圧縮成形(加熱・加圧)することにより、強度を持つ成形体が製作可能である。この成形体は、それ自体が漆と木粉のみでできているため、

木粉と漆のみからなるバイオマス成形材料(右)と成形体(左)

木粉と漆の成形材料を立体成形し、表面に漆を塗り、加飾した酒器

漆塗りの素地としては既に下地仕上げの工程が終了した表面と同様に扱え、直接漆塗りをして常温硬化や焼付け漆も可能である。

◆下地工程の省略、硬化時間の短縮化、かぶれ解消

このことから、木粉と漆の成形体を素地とすることで、常温硬化の初期の硬化時点では柔らかい漆膜に対し、その後加熱処理することにより、早期に爪で引っかいても傷が付かないほど硬く、優れた付着性を得ることができる。手間のかかる下地工程を省略でき、硬化工程の短縮により漆製品の生産を計画的に進められるだけでなく、完全に硬化させた漆膜は、漆製品のクレームとして発生することがある「かぶれ問題」の解消が期待できる。また、この成形体は、耐熱性に優れることからレーザーによる切削・切断や立体物を削り出して造形する３Ｄ切削加工などのデジタルものづくりにも活用でき、これまでにない新しい100％バイオマス素材として実用化が進められている。

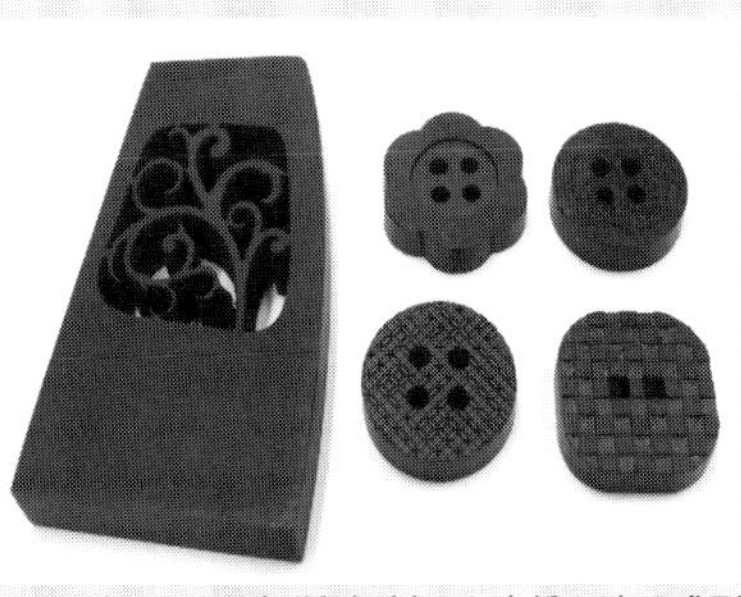
レーザーによる切断・切削した木粉と漆の成形体

木粉と漆の成形体を3D切削加工して作ったアクセサリー

◆脱プラスチックに向けた展望を拓く

現在、家庭用品品質表示法では、「漆器」と呼べるのは、表面の塗装すべてに天然の漆のみを使用したものだが、現在の市場に多く流通しているのは天然の漆以外の塗料（カシュー樹脂塗料、合成樹脂塗料等）を塗った「合成漆器」である。また、合成漆器は、その素地に天然木ではなく一般にプラスチックと呼ばれる合成樹脂が使われている。

しかし、近年、環境問題の高まりから、脱プラスチックによる天然資源の持続可能な管理や利用への取り組みが、世界的に求められており、ウルシの材や漆の計画的な利用はその要求に合致するものである（96頁参照）。

これらを環境・人に優しい天然系新素材・材料と捉え、現代生活のニーズとマッチングさせ、活用する取り組みが求められる。

（木下稔夫）

セルロースナノファイバー含有漆の開発と応用

◆美しく丈夫な漆器作りを目指して

漆器の強度を高めるために生漆にセルロースナノファイバー（以下、CNFと略記）を添加した漆液を調製し、その硬化性と漆膜性状を各種分析法で評価した。CNF含有漆の塗膜は光沢が高く、曲げ強度と引張り特性の向上が認められた。この特徴を活かし、薄い木地の木胎《もくたい》を用いて丈夫な漆器作りを目指し、美しく強い漆器「檜《ひのき》刳《くり》抜《ぬ》き木地《きじ》溜塗《たまりぬり》片口類」を開発したので、その結果を紹介する。

なお、研究用に各種CNFを提供していただき、またCNF含有漆膜を分析評価していただいた日本製紙株式会社に厚く御礼を申し上げたい。現在堤浅吉漆店（京都市）と共同研究でスケールアップ試験を繰り返し、実用化を目指している。堤浅吉漆店のご協力にも深謝したい。

◆CNFの特性と漆への利用

漆器は素地の上に直接漆液を摺り込んだり、塗る場合があるが、一般的には下地を施した上に漆を塗る工程を重ねて作られる。漆器の強度を高めるために下地に麻布や紙を漆で貼り重ねる作業が行なわれる場合もある。布を使い漆器を補強すると、漆が十分に固まらないと布目のやせが見えることがあり、それを防ぐために漆の使用量を減らすと、強い漆器にならず、脆弱の下地になるなどの問題点がある。

CNFは、木を構成する繊維をナノオーダまで細かく解すことで作られる最先端のバイオマス素材である。このCNFは、軽量で、弾性率が高く、温度変化に伴う伸縮はガラス並みに良好で、酸素などのガスバリア性（気体透過の障害・障壁となる性質）が高いなど優れた特性を有している。われわれは、日本製紙が製造した化学処理によるTEMPO(2,2,6-tetramethylpiperidine-1-oxyl radical)酸化CNFを恵与していただき、それらを研究開発に用いた。そのCNFは、3～4nmの繊維幅を持つ超極細繊維で、完全にナノ分散していて、細かく均一に分散しているため光の散乱が起こらず無色で高い透明度が特徴である。繊維長は数百nm～1μmと、高いアスペクト比（繊維長と繊維幅の比）を持つ、軽くて強い繊維である。また、

図1　ニーダーミキサーによるCNF含有漆の調製スキーム

CNFは高い粘弾性とアスペクト比を持つことから樹脂やゴムを均一に分散させて強度を向上させることが報告されていて、化学塗料に添加すると、チキソ性（攪拌などで剪断応力を受けると粘度が低下し、静止すると次第に粘度が上昇する性質）が増し、塗りやすく、垂れが起こりづらいなどの性状付与が期待されている。また顔料の分散性の向上や硬化後の皮膜の強度向上が期待されている。

このようなことからわれわれはCNFが漆に与える効果に期待して、CNF含有漆を調製し（図1）、その漆膜の性質とCNF含有漆器作りを研究した。

◆CNF含有漆の調製と特性

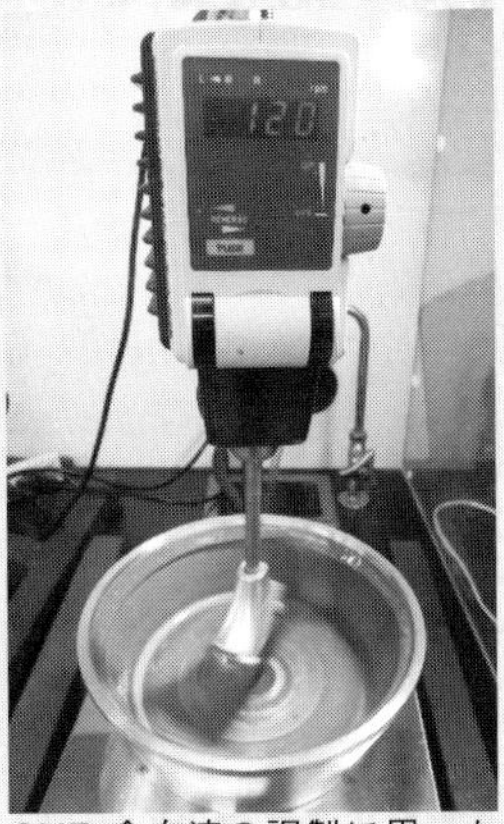
CNF 含有漆の調製に用いたニーダーミキサー

日本製紙から恵与していただいたTEMPO酸化CNFは短繊維5％（CNF濃度）と標準（長）繊維1％と3％があり、漆との混練性、溶解性および均一化が良好な短繊維5％CNFを用いて詳しく検討した。

CNF含有漆の調製は、生漆とCNFのブレンドにより行なった。生漆とCNFを均一に分散させるためにニーダーミキサーを用い、その回転速度・回転羽根との圧力を調整しながら混練攪拌を行なった（写真）。また、水分量を3～5％に調整するため40℃以下で加温を行ないながらナヤシ・クロメ操作（「漆の特性」の項目参照）を行なった。CNFの添加量が10％を超えると漆の硬化性が落ち塗膜の硬度が低くなったが、15％程度までは60日経過すると同程度に硬化した。CNFの添加量が20％の実験項目EntryFの条件では、漆膜の硬度は他のサンプルが同程度の硬度に達した90日目でも上昇しなかった（表1）。

漆にCNFを添加した漆膜の明度（L*）、赤色味（a*）、黄色味（b*）ともに高くなり、

表1　CNF含有漆液の乾燥性およびCNF含有漆膜の色彩値と光沢値

Entry	TEMPO短繊維	CNF量	生漆	混練時間(min)	水分率	乾燥状況[1)2)] DF	TF	HD	7day	30day	60day	90day	色彩値[3)](塗布後7日目) L*	a*	b*	光沢値 %
1	—	—	生漆（城口）	—	24.26%	2h	3h	7h	B	HB	未測定	H	12.02	20.87	10.52	19.3
2	—	—	市販精製漆（城口）	—	2.70%	2h	4h	8.5h	B	F	F	F	14.33	27.42	20.36	51.5
A	0.8g	0.04g（CNF1%）	5g	27	3.57%	12.5h	14h	19.5h	B	2H	2H	2H	6.73	23.18	8.94	87.1
B	2.4g	0.12g（CNF3%）	5g	30	3.37%	14h	17h	48h	B	F	H	H	8.20	23.92	10.47	86.6
C	4g	0.2g（CNF5%）	5g	40	3.23%	10h	–	–	B	F	2H	2H	20.59	34.43	31.87	89.5
D	7g	0.35g（CNF9%）	5g	60	3.18%	13h	15h	44h	6B>	HB	未測定	H	17.41	31.74	27.93	75.9
E	10g	0.5g（CNF13%）	5g	70	3.30%	–	–	–	DF	6B>	HB	H	25.82	32.35	39.96	63.9
F	15g	0.75g（CNF20%）	5g	100	3.46%	–	–	–	ND	DF	6B>	6B>	33.14	33.33	52.15	83.6

1) ND：None Dry（未乾燥）、ＤＦ：Dust Free dry（結露乾燥）、ＴＦ：Touch Free dry（指触乾燥）、HD：Harden Dry（硬化乾燥）
2)鉛筆硬度　6B<B<HB<F<H<2H
3) L*＝明度　D*＝赤み　b*＝黄色み

明るい色味になった(表1、図2)。CNFの添加量が多すぎると白っぽくなり、明度は上昇したが、硬化性と透明性は低下し、20%添加では硬化性が著しく低下した(表1、図3)。しかし、CNFを適量添加した漆膜は、明るい色調になり、光沢値は上昇した。

CNFを5%程度添加した漆膜の表面硬度は高い結果を示した。以上のことからCNFを含有した漆膜を用いて簡易の曲げ試験とJIS8113に準拠した引張り試験で評価した。

図2　CNF含有漆塗膜の色彩値と光沢値

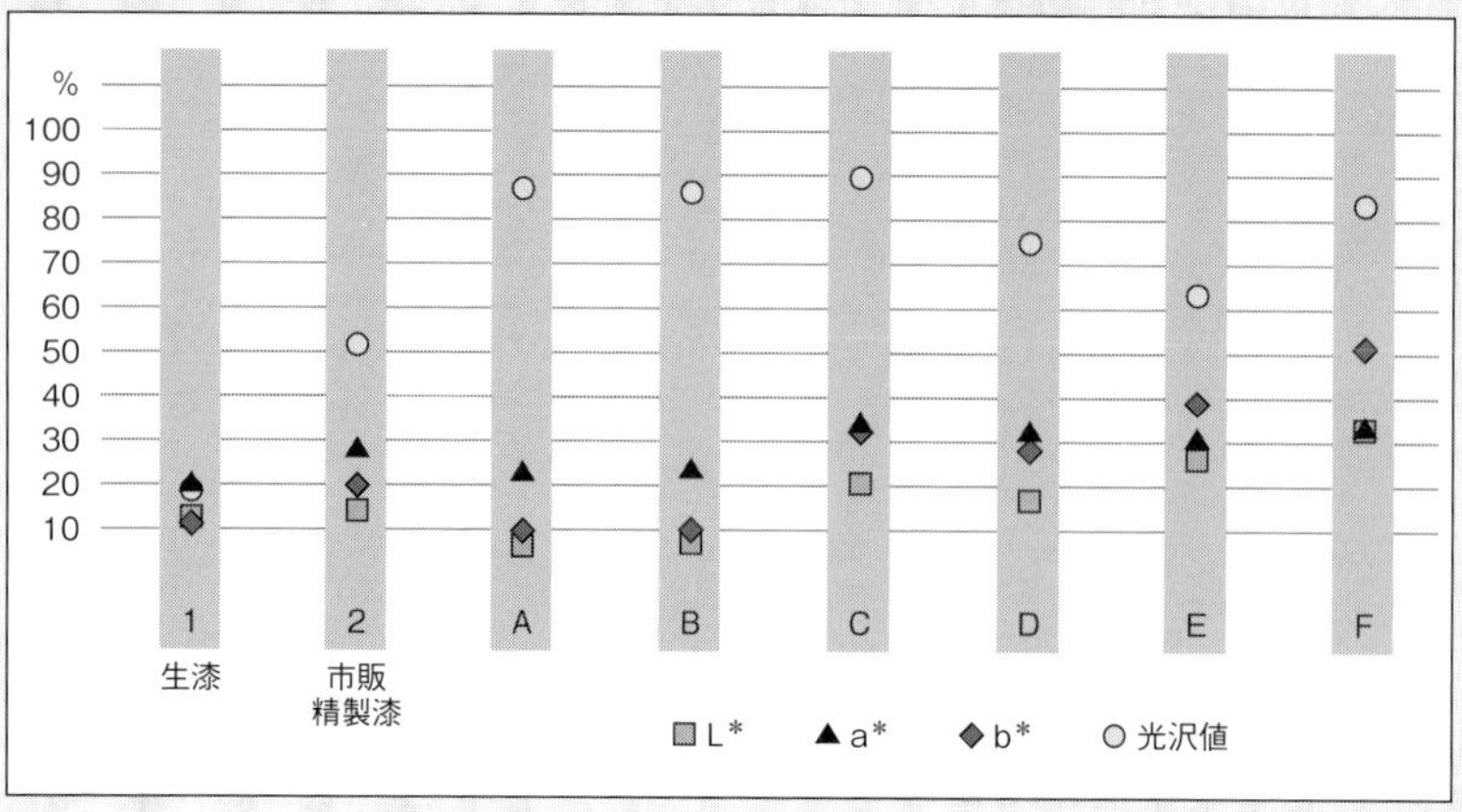

図3　CNF含有漆塗膜の硬度変化

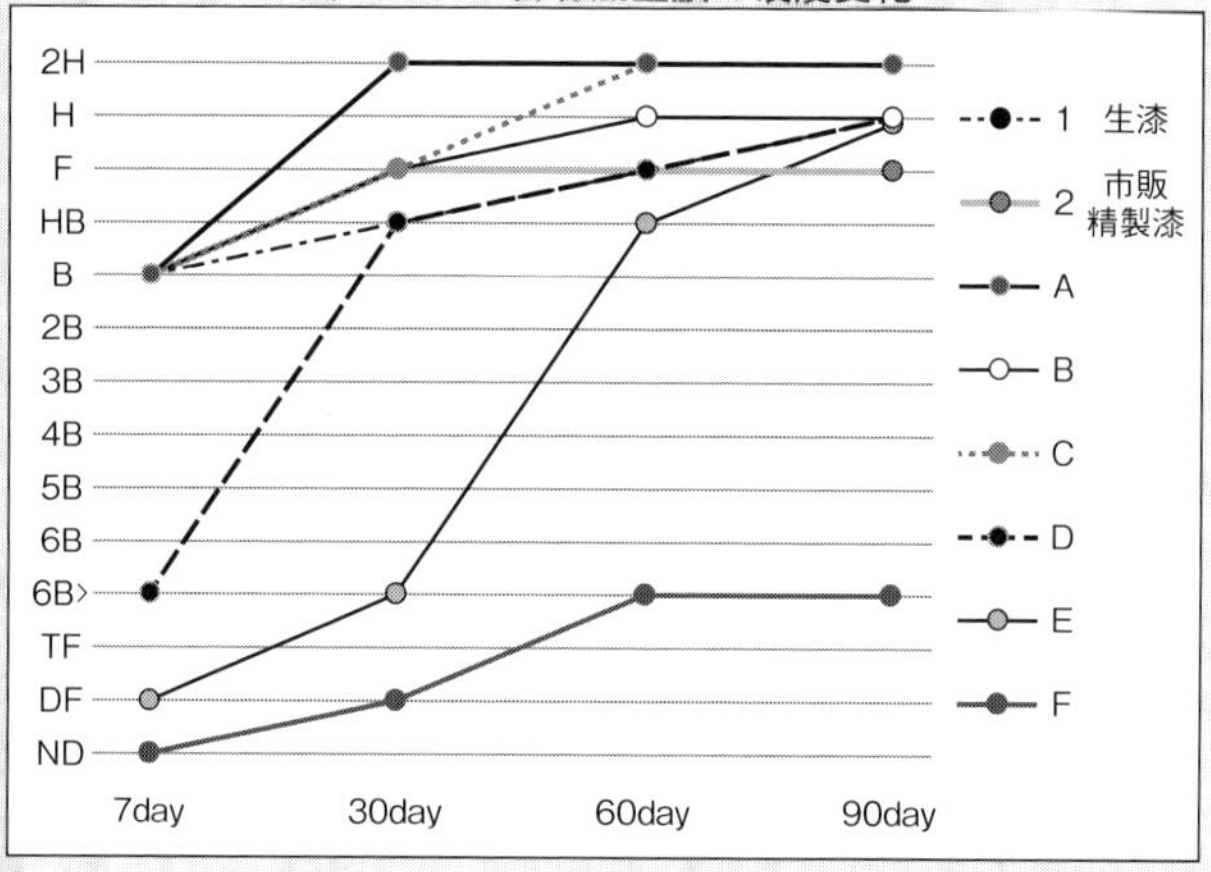

曲げ試験での試験片は、ヒノキの薄い木地の両面に生漆で木地固めを行なったものを用い、精製漆またはCNF含有の精製漆を3回(片面およそ75μm)塗り重ねて試験を行なった(図5)。曲げ試験では、試験片の片側を固定し平行になるように折り曲げ荷重をかけ、図4のaが一定値になった時の曲げ荷重(3回測定の平均値)を測定した。

その結果、木地に漆固めした試験片より漆塗りした試験片A(図6、A)は曲げに強くなり、CNF含有漆を塗布した試験片B(図6、B)はさらに曲げ強度が上昇した。CNFを添加した漆では添加しないものに比べ20%程度強度が増していることが分った(図6)。

次に、CNF含有漆膜の引張り強度試験を、JIS8113に準拠して厚

図4　CNF含有漆塗膜の曲げ試験法

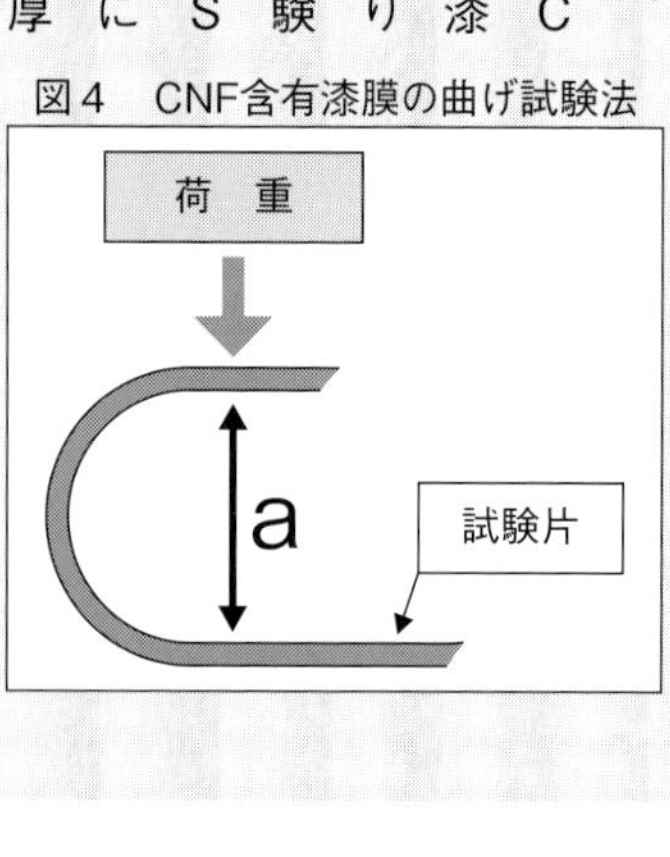

図5　CNF含有漆膜の曲げ試験用試料片

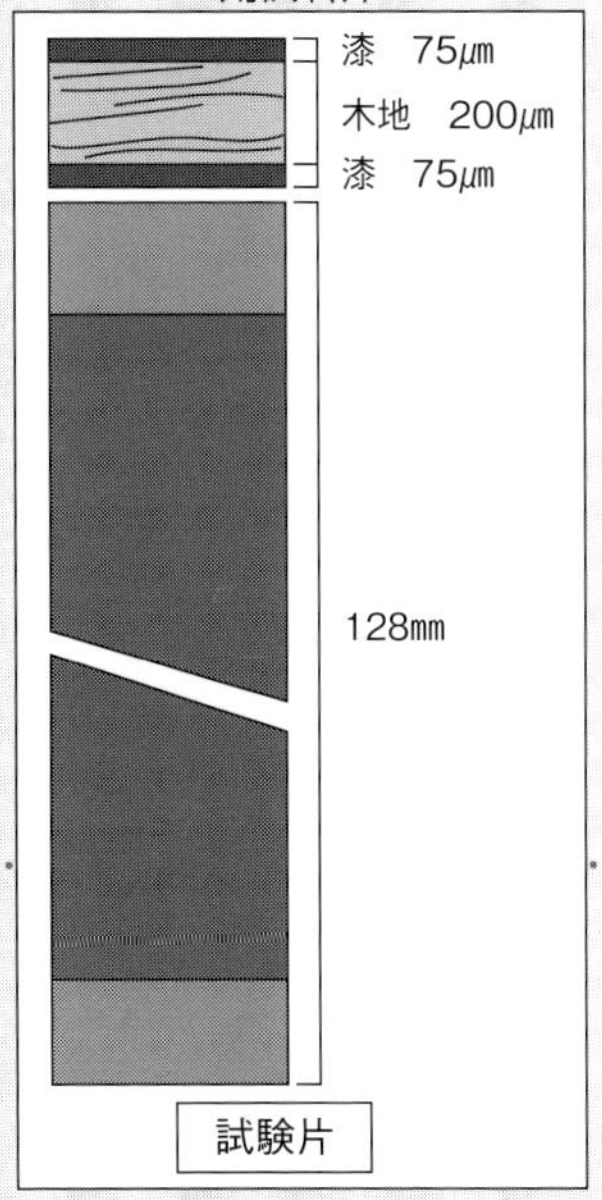

図6　CNF含有漆膜の曲げ試験の結果

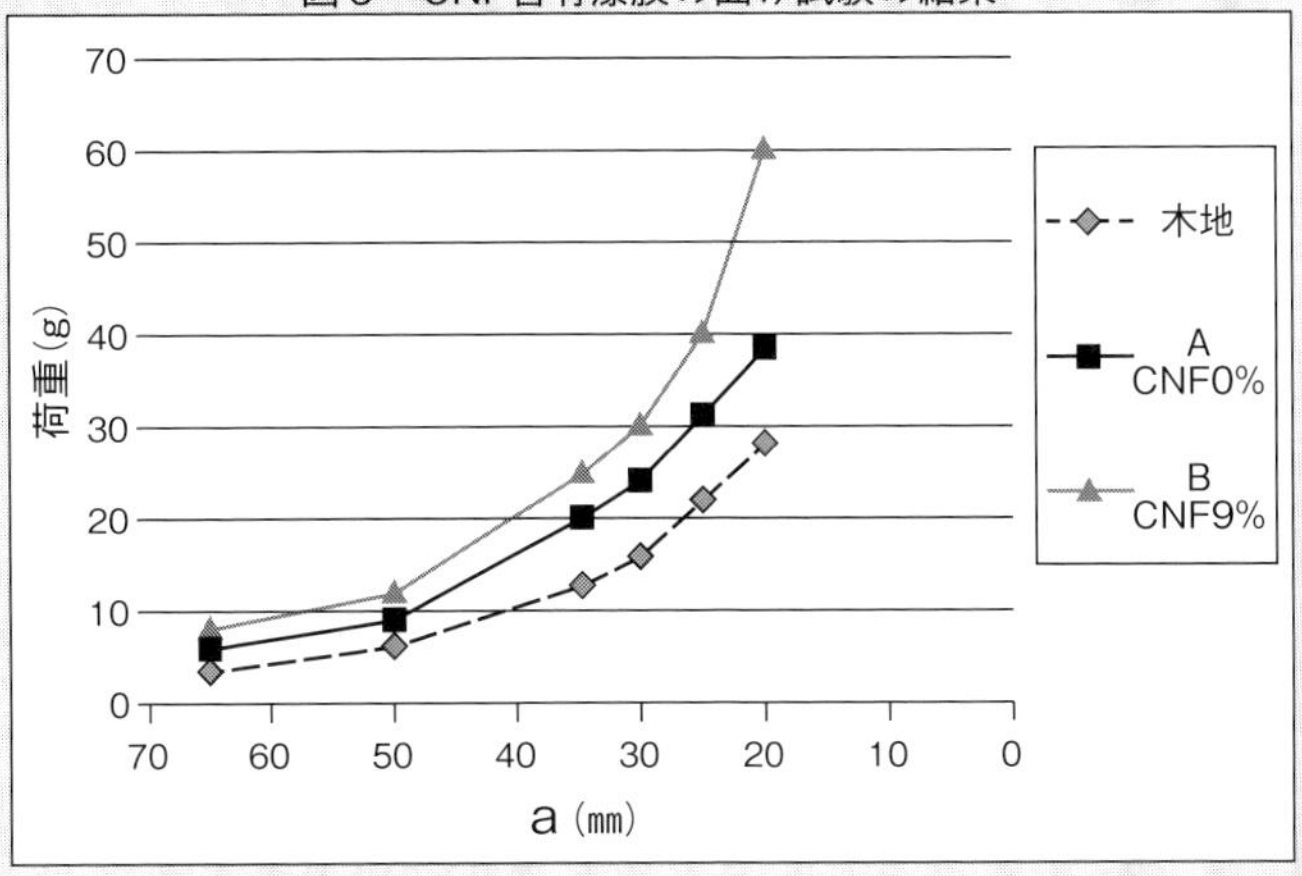

紙（幅15㎜×長さ100㎜、厚さ0・16㎜）に漆またはCNF含有漆を塗布した試験片（塗布量285〜265g／㎡）を用いて引張り試験を行なった。未塗布、漆のみ塗布、CNF含有漆塗布の破断強度は、それぞれ23・8、45・9、53・1MPaであり、破断延びは2.8、3.5、3.2㎜であった。このことからCNFを添加した漆膜は引張り特性が向上し、CNF配合効果が認められた（図7）。

以上の結果をまとめると、短繊維5％CNFを添加した漆液は硬化性に大きな影響はなく、漆液の高分散性が進むとともに粘度は向上し、漆塗りに適した粘度にすることができた。短繊維5％CNFを添加した漆膜は、引張り強度は向上し、曲げ強度も向上した。

このようにCNFを添加した漆膜は、物理的な特性が向上することから、この特徴を活かした漆器作りを検討した。素地として薄い木地の利用が可能になると考え、ヒノキの刳抜き木地を用いて短繊維5％CNF含有漆液を用いて溜塗片口の制作を検討した結果を次頁以降で紹介する。

図7　CNF含有漆膜の引張り試験の結果

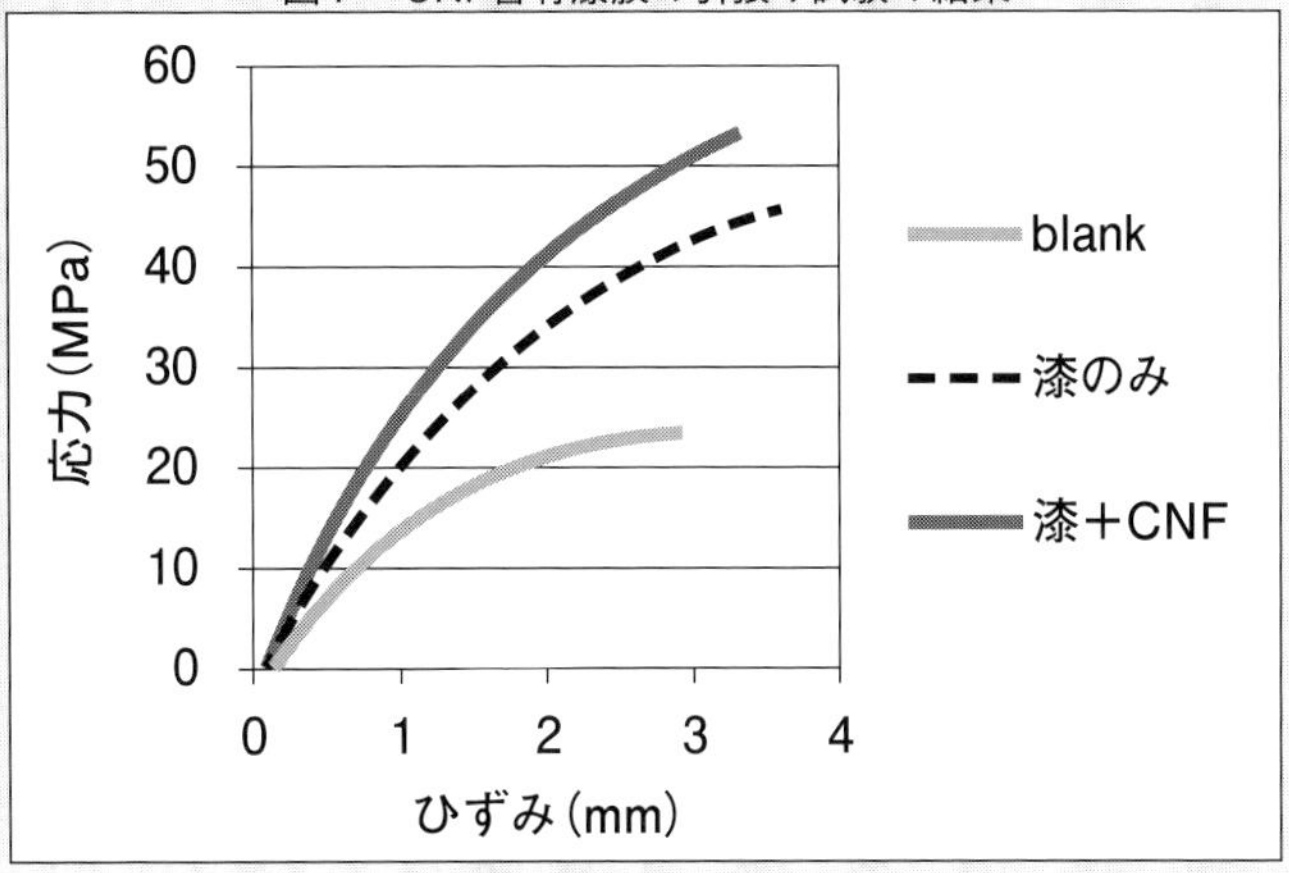

◆CNF含有漆を用いた美しく丈夫な漆器作り

木胎《もくたい》（素地に木を用いたもの）で漆器を作る場合、荷重の多くかかる部分には麻布や紙を着せて補強することが伝統的な技法としてよく行なわれている。椀で言えば、見付け部、口縁部、高台部にこの技法が使われる。布と木地との段差をとるにはサビ付けと研ぎ出しを数回行ない、表面を滑らかにする作業が必要になる。これらの一連の工程を経ることにより製品の堅牢性が増し、丈夫で長持ちするとして漆器産地の信用度を高めてきた。最終製品では目に見えない、これらの下地処理をしっかりすることが高級漆器のステータスにもなってきた。

この手法の短所は木地に対し、布とサビの分が厚くなるため、木地の制作段階で意図した「形のイメージ」が崩れてしまうことである。形をとるか、強度を優先するか、二律背反の選択が必要になってくる。布や紙で補強することなく仕上げる方法はないか、試行錯誤しているときに注目したのがCNFという新素材である。既存のプラスチックに混ぜることにより強度が向上するということで航空機・自動車等の産業界で盛んに研究開発されている。これを漆に応用できないかと考え、CNFの素材開発をしている日本製紙に相談すると、試作サンプルを提供してもらえることになり、CNF含有漆の試行を開始した。ただし、解決しなければならない難問が多数あった。その主なものは、次のようなものだった。

- 提供を受けたCNFサンプルは97〜99%が水分で、これをどのようにして漆に混錬し、ナノレベルで均一に分散させるか
- 通常仕上げに用いる漆は水分量が2〜4%であるが、ニーダーミキサーでCNFを混錬した漆は50%以上の水分量があり、この水分をどのように除去するか
- 漆は少しでも不純物が混入すると硬化しなくなる恐れがある。特に国産漆はこの傾向が顕著であるため、通常の方法でうまく硬化させることができるか
- CNFは径が数ナノと可視光波長の数十分の一であるが、漆に混ぜた時に漆の重要な特性である透明度に悪影響がないか

このような問題点を解決しながら試作と試し塗りを重ね、作品制作に使用するに十分満足できるレベルまでもっていくことができた。

◆「檜刳抜き木地溜塗片口類」の開発

左頁の写真はこのCNF含有漆を用いて作成した「漆器」である。外側は木地固めの後に直接素黒目漆を3層塗り重ね木地溜仕上げ、内側は黒呂色漆を3層塗り重ねて仕上げている。木地溜は透けもよく木目をくっきりと浮き立たせている。また色合いも漆本来の奥深い飴色に仕上がっている。黒呂色もしっとりとした肉厚感が表現でき、従来漆との差を感じることはない。

CNF 含有漆を用いた檜刳抜き木地溜塗片口類

今後の課題としては、CNFをどの程度混ぜると最適な強度が出せるかの条件を考えることと、量産の製造方法を確立することである。CNFは自然由来の素材であり、同じく自然由来の漆とは大変になじみがよく、今までの試作の経験からは漆の本来持つ特性を何ら阻害することなく漆強度を向上させえる、優れた素材であると感じている。漆自体で強度が保てるので、木地をより薄く作ることができ、デザイン上の自由度を増し、木以外の素材、例えば紙や布などの薄い素材での応用も期待できる。また下地処理をせずに、製品を仕上げることができれば制作工程をかなり省略することができ、製品価格の低減に寄与できるのではと期待している。

CNFは軽量で、弾性率が高く、温度変化に伴う伸縮はガラス並みに良好で、酸素などのガスバリア性が高いなど優れた特性を有している。CNFの特性を活かした漆器作りへの応用を目指して、CNF含有漆液を調製し、その硬化性と塗膜性状を各種分析法で評価した。その結果、CNF含有漆の塗膜は光沢が高く、引張り特性と曲げ強度が向上することが認められた。この特性を活かし、ヒノキの薄い木地の木胎を用いて、丈夫な漆器作りを目指し、美しく強い漆器「檜刳抜き木地溜塗片口類」を開発した。今後は、CNF含有漆製造のスケールアップ実験を繰り返し、実用化を目指している。

（石井 昭・山田千里・宮腰哲雄）

持続可能な資源ウルシ・漆利用の流れ

（本文88～89ページ参照）

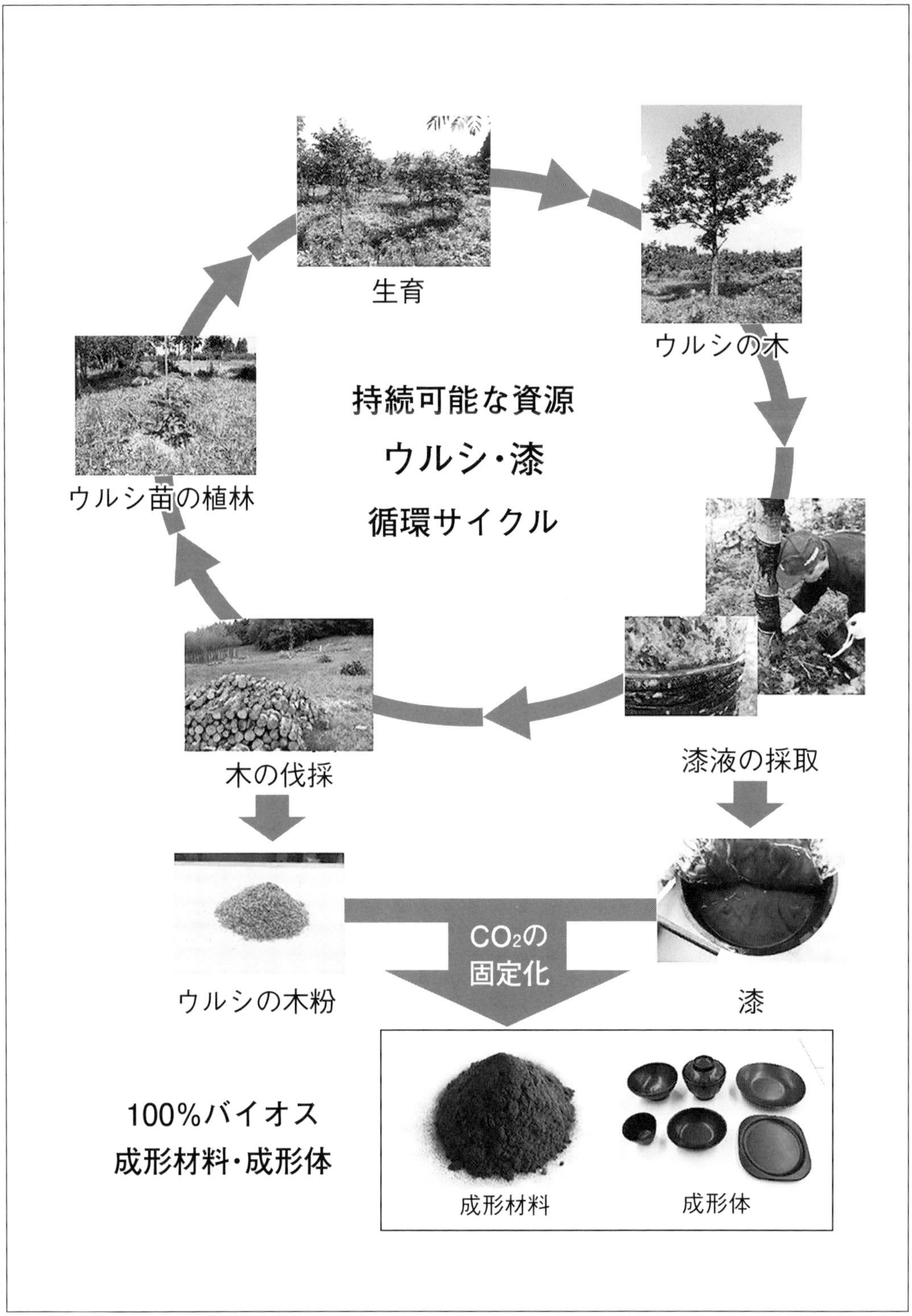

（木下稔夫 作成）

5章

材としてのウルシの特性と利用

ウルシ材の特性と利用

●ウルシ材の利用

「ウルシ」というと漆液や塗料がまず思い浮かぶのではないだろうか。これらに加え「ウルシ」には木材もある。ウルシ材は耐湿・耐水性の点から水桶や馬桶などに利用され、また材が軽いことから延縄漁《はえなわりょう》などで網浮木《あみうき》（アバという）として利用されてきた。特徴的な黄色を呈する材色を活かして寄木細工にも利用されている[(1)~(4)]。ウルシ材の利用は古く、既に縄文時代に、ウルシ材が耐湿・耐水性に優れることや割りやすいという性質が認識されており、これらの性質をもとにして杭列などの水域の構造物における主要な構造材や掘立柱建物の柱などに利用されていた例がある[(3)]。また、ウルシ材の抽出成分を有効利用する目的で、織布への染色特性が検討されている[(5)]。さらに、ウルシ材の強さについても報告されている[(1)(2)]ものの、ウルシ材の性質について必ずしも十分な知見が蓄積されているとは言えない。

●スギ、ヒノキ材などとの比較

現在では、漆液採取の役割を終えたウルシは伐採され、放置されて未利用状態になっている。未利用ウルシ材の利用を新たな産業の創出やウルシ産業の維持・拡大へつなげていくためには、ウルシ材がどのような性質の木材なのか解明し、性質を活かした利用方法を開発する必要がある。そこでウルシ材の性質を他の木材と比較しながら見ていきたい。なお、ここではウルシ材の性質を表す値として主に筆者らの測定値[(6)]を用いることにする。

測定に用いたのは日本国内の主なウルシの産地である岩手県二戸市産、茨城県常陸大宮市産および新潟県村上市産のウルシ丸太の地上約２m（最初の枝）以下の部位である。樹齢、胸高直径および平均年輪幅はそれぞれ、二戸市産が16年、１４２㎜、４㎜、常陸大宮市産が10年、２０３㎜、10㎜、村上市産が25年、２１９㎜、４㎜であった。ウルシは高さ10m、直径は40㎝に達する[(1)]ということからすると、漆液採取の役割を終えて伐採されたウルシ丸太は細いということが分かる。

【材色】

ウルシ材を観察して最初に気づくのは、材色が黄色いということだろう。これを他の木材の色と比較してみる。ウルシに加え、「赤色」、「白色」、「茶色」、「紫色」および「黒色」の木材としてそれぞれ、スギ、ヒノキ、ケヤキ、シタン、コクタンを選び（カバー袖の写真参照）、色彩色差計を用いて材色を測定した。ここでは材色をL^* a^* b^*表色系で示した。L^*値は明るさを表し、

表1　様々な木材の色樹種

	L*	a*	b*
ウルシ	76.68	3.30	40.74
スギ	69.34	13.59	21.56
ヒノキ	77.82	8.80	24.01
ケヤキ	62.63	15.71	30.04
シタン	39.50	14.40	12.57
コクタン	29.21	2.86	4.21

0から100までで数値が大きい程明るくなる。a*がプラスの方向になるほど赤みが強くなり、マイナスの方向になるほど緑みが強くなる。b*がプラスの方向になるほど黄みが強くなり、マイナスの方向になるほど青みが強くなる。

表1より、ウルシとケヤキのb*が大きく黄みが強いことが分る。また、L*がウルシの方がケヤキよりも大きいので、ウルシの方がケヤキより明るい色であると言える。

【材の密度と強さ】

次に、ウルシ材を手で持ってみると大きさの割に軽いように感じられるかもしれない。木材の密度は、「日本産主要樹種の性質表」(7)によると、例えば、スギは0・38g／cm³、ヒノキは0・44g／cm³、カラマツは0・50g／cm³、ブナは0・65g／cm³、ケヤキは0・69g／cm³、アカガシは0・87g／cm³であり、今回の測定に用いたウルシ材の密度である0・40g／cm³は、「日本産主要樹種の性質表」に掲載の45樹種と比較すると、下から4番目に相当しトドマツと同等であった。

木材の様々な性質を表す値は、密度の増大と共に増大することが多い。従って、ウルシ材の強さは、他の樹種と比較して小さい部類に入ることが予想される。

木材の強さは、曲げたり(ゆっくりと静的に曲げて破断させる場合とハンマーを衝突させて動的・衝撃的に破断させる場合がある)、材の上下から長さ方向に押しつぶしたり(圧縮)などして測定する。曲げた場合について、同じ力を加えた時の曲げやすさを表す曲げヤング率(大きいと曲げにくいことを表す)を密度に対してプロットすると図1のようになる。この図から曲げヤング率は密度から予想される妥当な範囲に存在することが分る。すなわち、他の樹種と比べて小さい部類であることが分る。この傾向は、図2のように、曲げに対してどこま

図1　ウルシ材の曲げヤング率の他樹種との比較

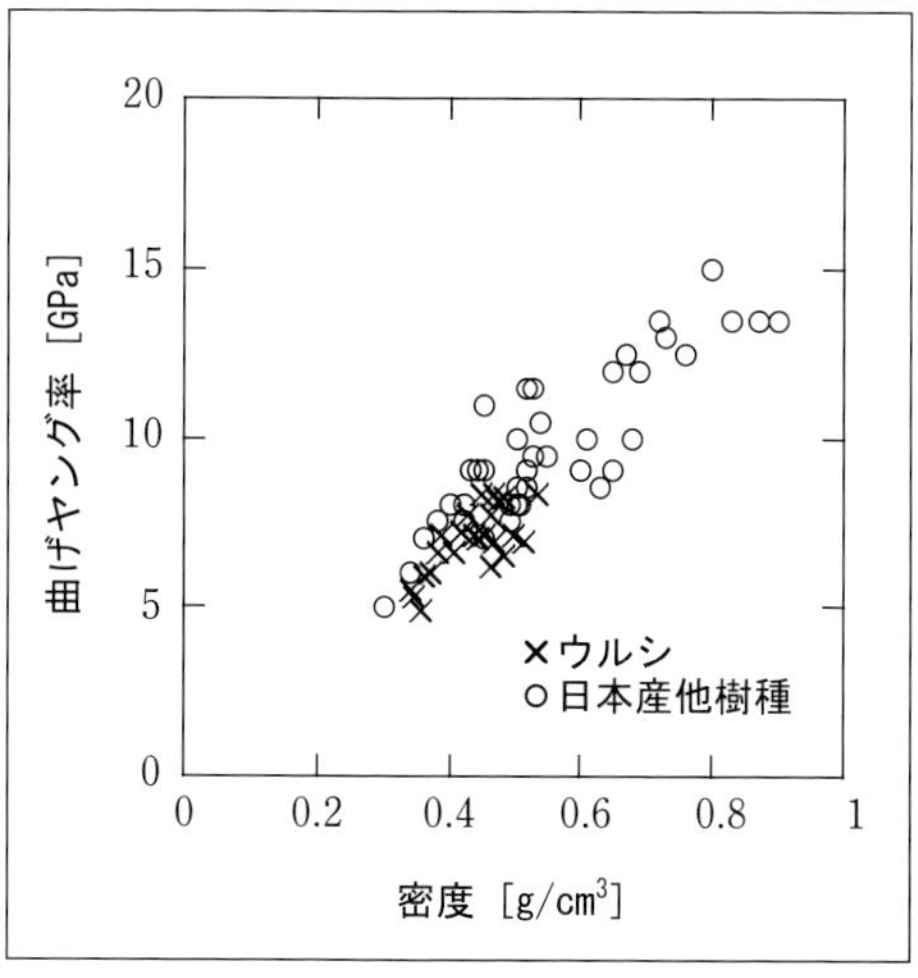

で耐えられるかを表す曲げ強さについても同様である。また、図3のように圧縮に対してどこまで耐えられるかを表す圧縮強さについても同様である。さらに、衝撃的に破断させた場合の性質や硬さについても同様の傾向で、他樹種と比較して小さい部類に入る。以上より、ウルシ材は軽く強度が小さい部類の材料ということになる。[1]

木材は周囲の温度や湿度の変化に応じて、膨らんだり(膨潤)縮んだり(収縮)し、これらはしばしば割れや狂いを発生させるなど、利用・加工上の問題となる。そこで、収縮率について見ると、図4のように一部例外もあるが、概ね強さと同様に、密度から予想される妥当な範囲に存在し、他樹種と比較して小さい部類に入ることが分る。

図2　ウルシ材の曲げ強さの他樹種との比較

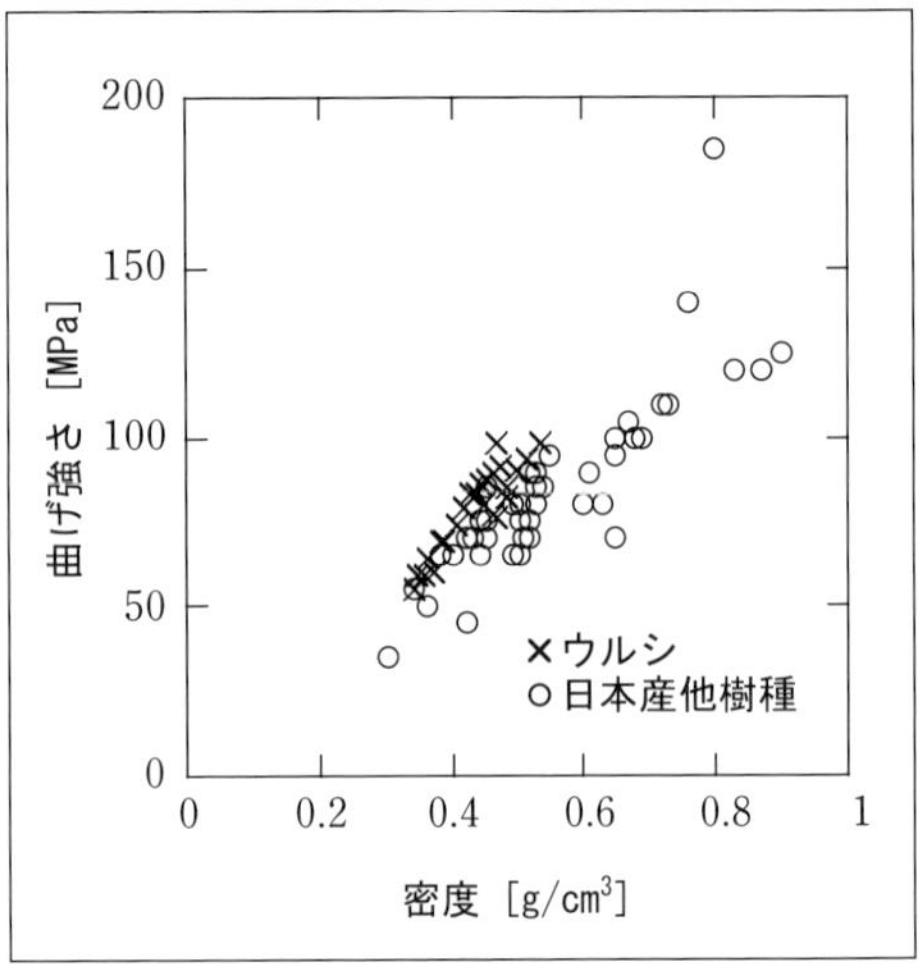

図3　ウルシ材の圧縮強さの他樹種との比較

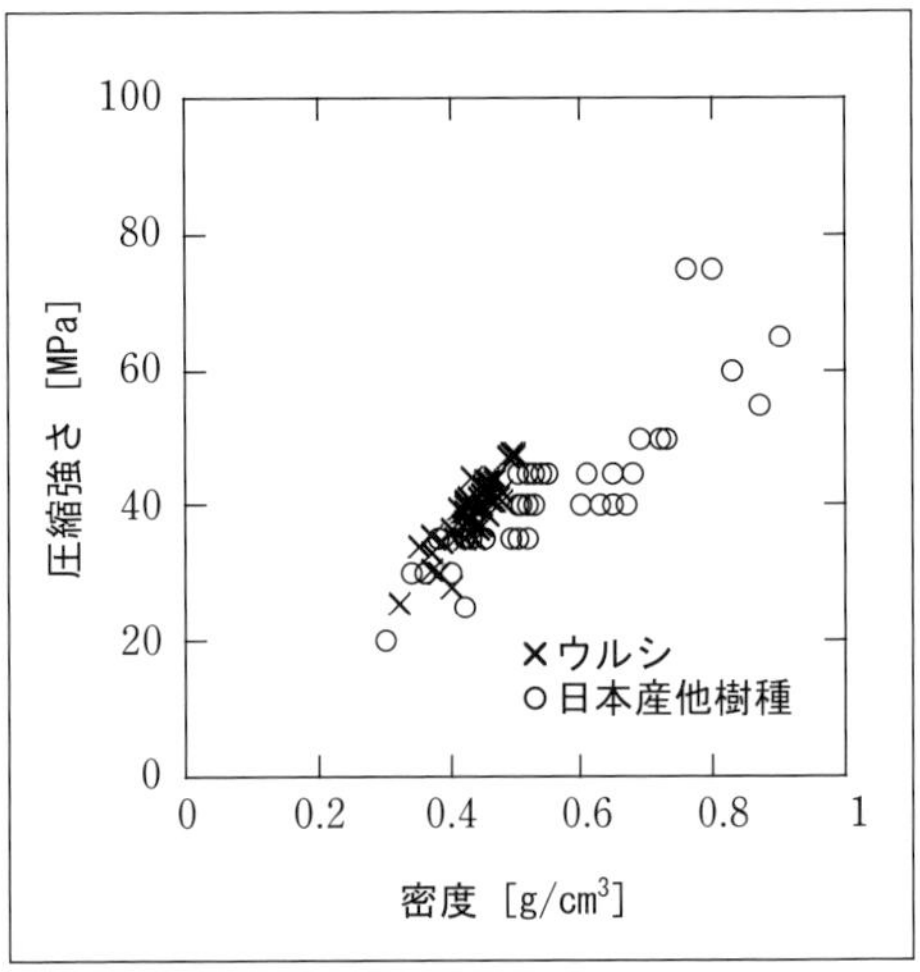

図4　ウルシ材の収縮率の他樹種との比較

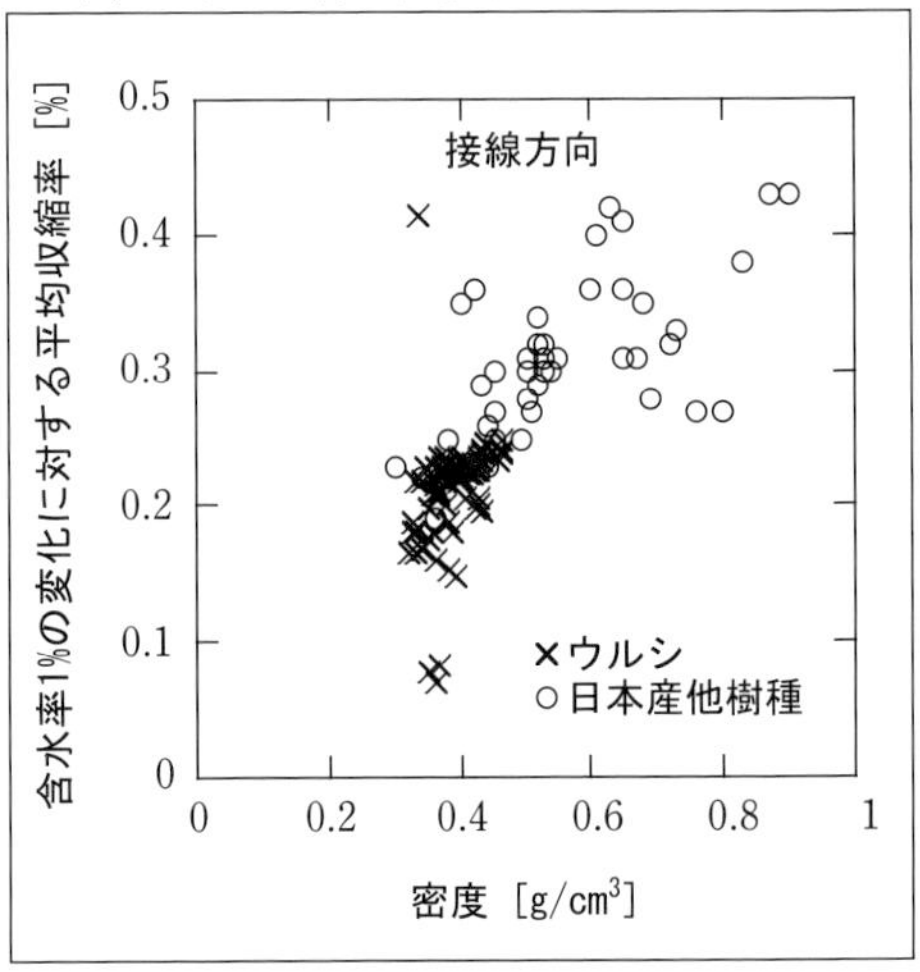

利用にあたっての課題

以上より、ウルシ材の加工においては特段の問題が発生する可能性はそれほど大きくはないと思われるが、漆液採取が樹齢15~20年程度で行なわれるため丸太の直径が小さいことと、生産本数が木造建築の構造材や造作材などとして利用されるスギ、ヒノキおよびカラマツなどと比較して極めて少ないことなどを考慮した用途開発が望まれる。用途としては花器、額、ペーパーナイフ、ペントレー、一輪挿し、盆、皿、椀、漆器木地、内装用部材およびキーホルダーなどが開発されている。[8] これらに加え、ウルシ産地の小中学校や体験教室などの教材(ペン立ての例を写真に示す)にも利用できるのではないかと思われる。

これらの用途に対しては大きな寸法の材料や膨大な本数の丸太は必要とされないだろう。

なお、ウルシの木材として利用が想定される部分は、形成層よりも髄側の材部であるので樹脂道が存在しないため、かぶれの心配はないとされるが[8]、丸太から製材を行なう際には、漆液が硬化した状態になっていることに十分に注意する必要がある。

（久保島吉貴）

ウルシ材を使用した試作例「ペン立て」

①各部材：下穴が開けられた状態

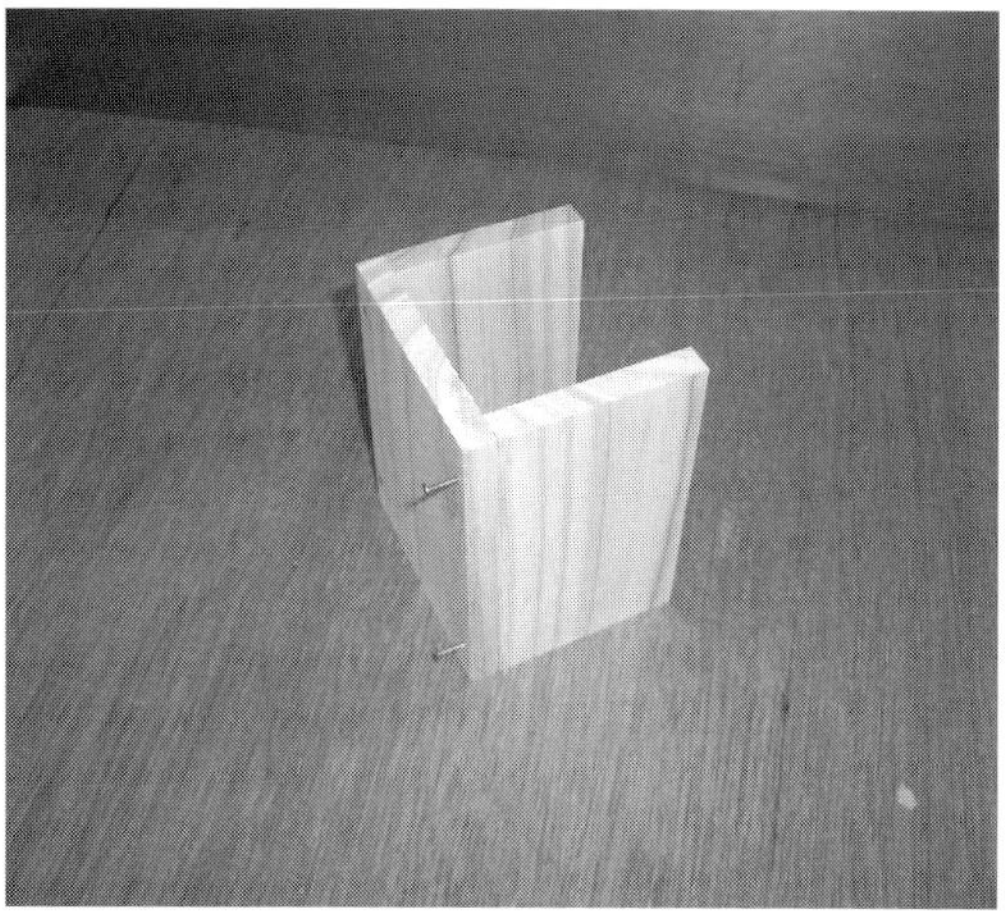
②留め工程：釘および接着剤で留める

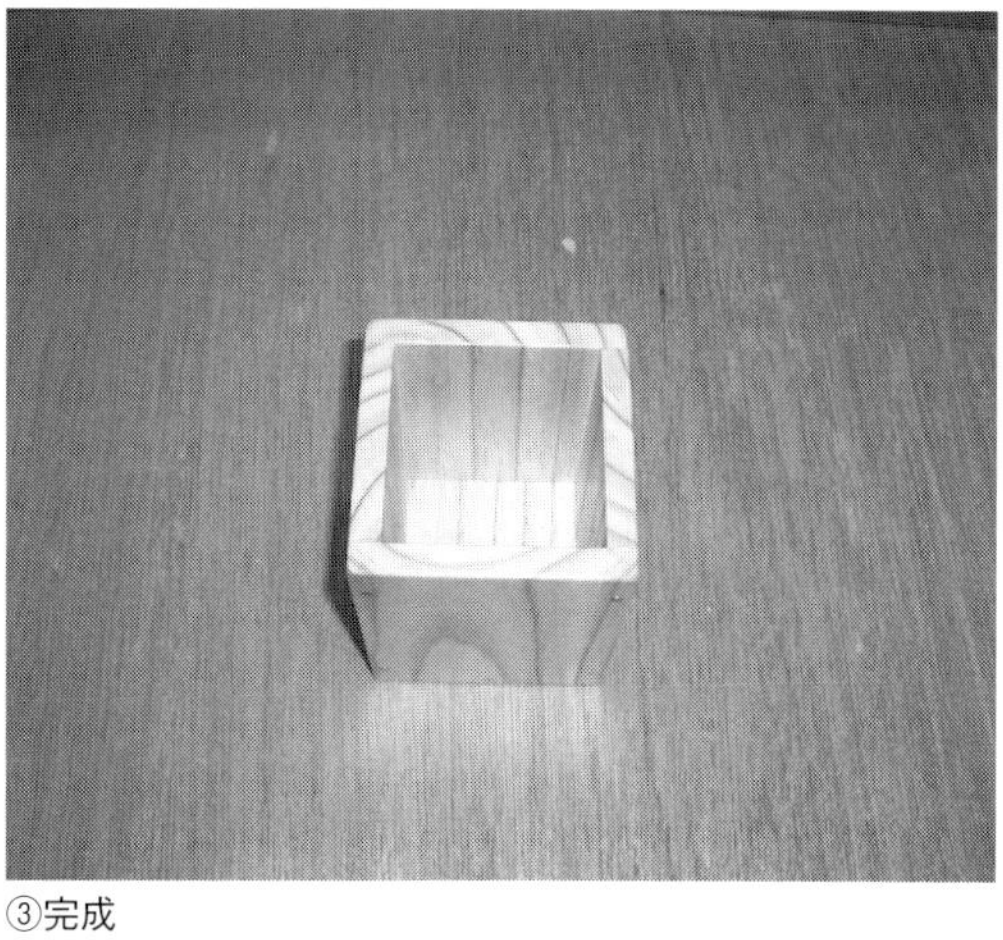
③完成

ウルシ材の化学成分

漆採取後に伐採されたウルシ材は、伐採量が少ないことなどの理由から、現状ではほとんど利用されていない。ウルシ材の利用を進めるためには、ウルシ材の特徴を活かした付加価値の高い利用が必要と考えられる。以下では、ウルシ材の化学成分の特徴と、これを活かした利用について述べる。

ウルシ材

●木材の主要化学成分

木材は、建築材料や家具などに利用される以外に、例えば紙パルプなど、化学成分を活かした利用も行なわれている。木材の化学成分は、主にセルロース、ヘミセルロース、リグニンと呼ばれる3成分で構成されている。セルロースは結晶性の多糖成分であり、紙パルプや繊維などに利用されている。ヘミセルロースは非結晶性の多糖成分であり、甘味料や機能性食品などに利用されている。また、リグニンは不定形の芳香族成分であり、紙パルプ産業の燃料や分散剤などに利用されている。これら成分の含有量は、一般的な木材でセルロース50%、ヘミセルロース20～30%、リグニン20～30%程度であり、3成分の合計で90%以上になることが多い。[(1)]

ウルシ材(心材部)について調べたところ、セルロース45%、ヘミセルロース28%、リグニン23%であり、一般的な国産材と同等で大きな特徴はないことが分った。[(2)]

●木材を特徴づける抽出成分

木材には、量的には少ないが抽出成分と呼ばれる成分が含まれる。抽出成分は、水や中性の溶媒で抽出される成分の総称であり、主な3成分(セルロース、ヘミセルロース、リグニン)は樹種による違いが小さいのに対し、抽出成分は量的にも質的にも極めて多様なことが知られている。また、抽出成分は、木材の色、匂い、耐久性などに大きく関わることから、樹種を化学的に特徴づける成分であるとも言われている。したがって、抽出成分の特性を把握し、その利用を検討することは、樹種の特徴を活かした利用につながると考えられる。抽出成分の利用用途の例としては、特定の樹種の材や葉などを原料として、精油(香料)、皮なめし剤、健康補助食品や化粧品など、幅広い用途が挙げられる。

●心材の主な抽出成分であるポリフェノール

ウルシ材の大きな特徴として、心材部（中心部の色が濃い部分）が鮮やかな黄色であることが挙げられる。また、樹齢10〜25年生のウルシの幹を調べたところ、心材は70〜80％と大部分を占めることが分った。材色に大きく関わる成分であることから、ウルシ心材の抽出成分について調べた。

抽出成分は、前述のように抽出可能な成分の総称であるが、その中で木材の色に大きく関わる成分としては、ポリフェノール成分が知られている。ポリフェノールとは、分子内に複数のフェノール性水酸基を有する化合物の総称であり、ブドウやリンゴ、緑茶などに含まれる抗酸化成分としても知られている。

ウルシ心材のポリフェノール成分含有量を調べたところ5〜7％であり、国産材としては比較的高いことが分った。また、ウルシ心材を粉にした黄色い木粉を、ポリフェノール成分を効率的に抽出可能な70％アセトン水溶液で抽出したところ、抽出後の心材は白くなり、黄色い抽出物が得られた。このことから、ウルシ心材にはポリフェノール成分が含まれており、黄色い材色の要因となる物質が含まれることが示唆された[3]。

ウルシ材の木口面

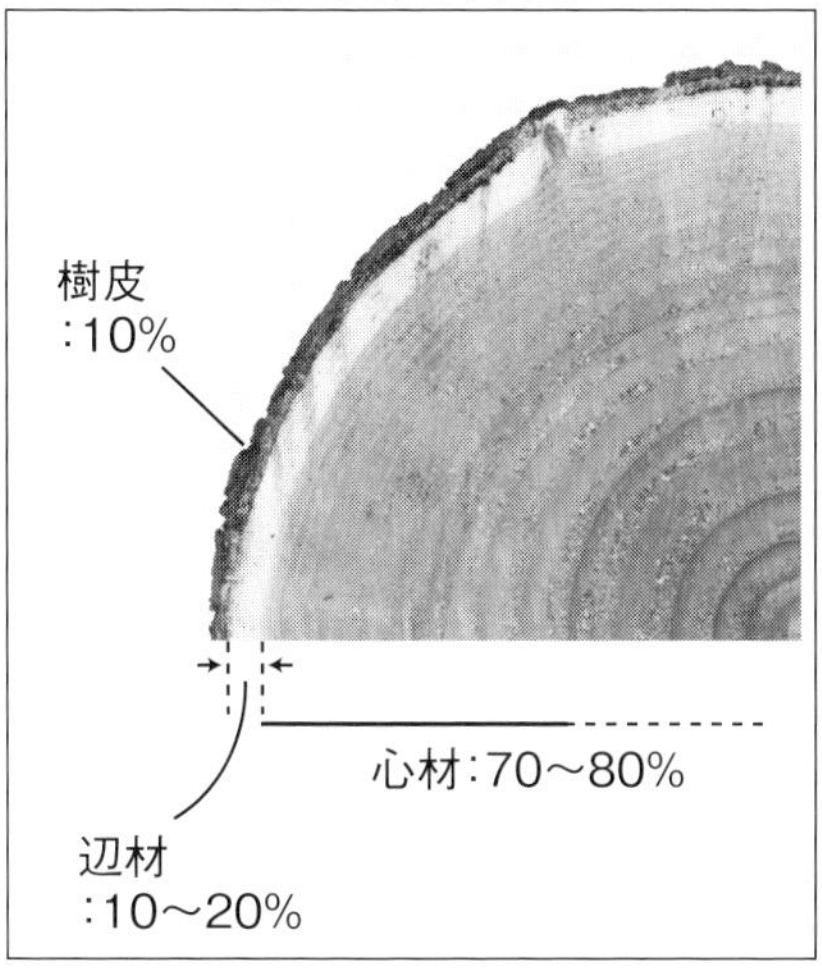

●心材色の要因である黄色のフラボノイド

ポリフェノールもまた様々な化合物の総称であり、化合物によって色などの特性が異なる。ウルシ心材のポリフェノール成分について、どのような化合物が含まれているか調べたところ、多数の化合物が含まれることを確認し、大きく分けるとフラボノイドと加水分解

図　ウルシ心材に含まれるフラボノイド

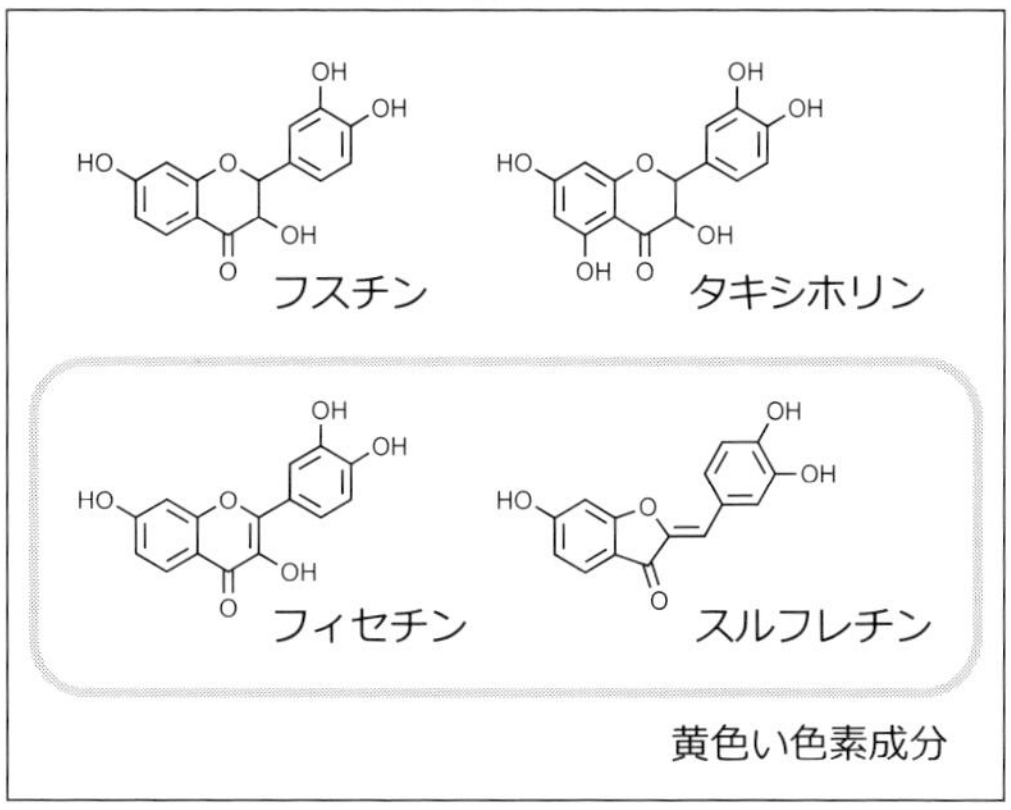

抽出前・後のウルシ心材と抽出物

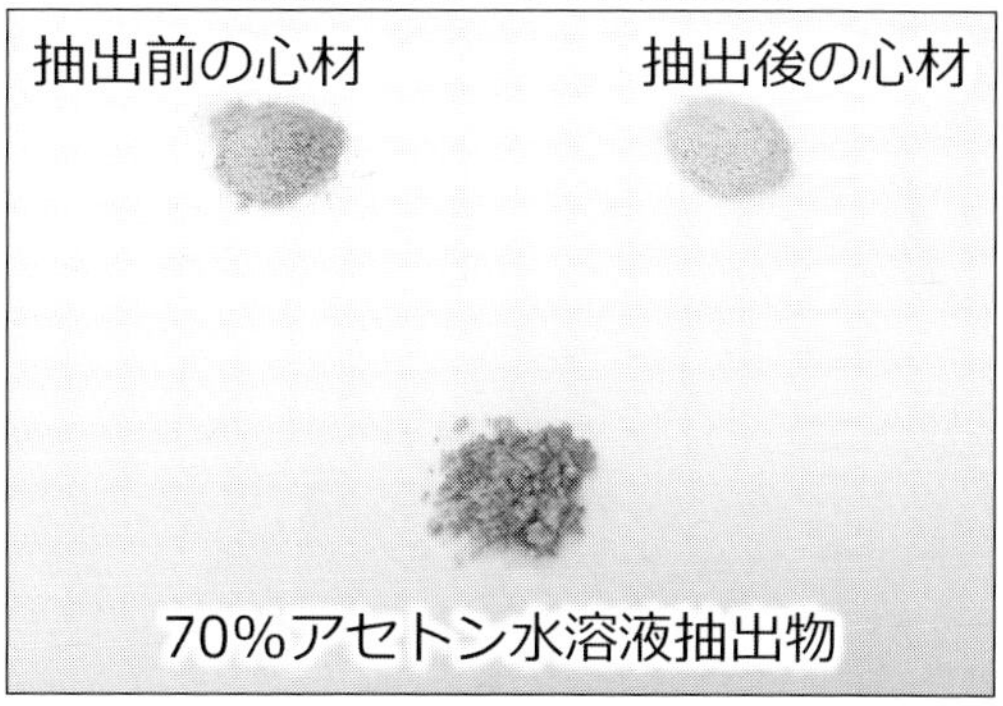

性タンニンと呼ばれる化合物群が含まれることが分った[(4)]。中でもフラボノイド類が多く存在しており、最も含有量が多い化合物はフスチンであり、その他にもタキシホリン、フィセチン、スルフレチンなどが含まれていた（前頁の図）。フスチンとタキシホリンはほぼ無色であるが、フィセチンとスルフレチンは黄色い色素成分である。したがって、ウルシ心材の特徴的な黄色は、フィセチンやスルフレチンなどの黄色いフラボノイドを含んでいるためであることが分った。

●ウルシ心材ポリフェノール成分の特性とその利用

【期待される薬理活性】

樹木のポリフェノール成分には、抗酸化能などの有用機能を持つものが多数あり、いくつかの樹種の葉や材および樹皮から抽出したポリフェノール成分が、健康補助食品や化粧品などに利用されている。例えば、フランスカイガンショウの樹皮、イチョウの葉、シベリアカラマツの材を原料とした健康補助食品が市販されている。

一方、ウルシに関しては、韓国において樹皮や枝が韓薬（生薬）として利用されており、これらを用いた薬膳料理である漆鶏湯（オッタタン）や漆参鶏湯（オッサムゲタン）も食されている。ウルシの樹皮や枝から抽出した成分の薬理活性については様々な研究が行なわれており、抗酸化性、抗炎症活性、抗関節リウマチ活性などが報告されている[(5)]。また、その有効成分についても研究が行なわれており、漆液に含まれる成分に薬理活性があるとの報告もあるが、心材に含まれるのと同様なポリフェノール成分に薬理活性があることが数多く報告されており、さらにはウルシ心材のフラボノイド類に抗発がん性（抗変異原性）があることも報告されている[(6)]。

これらのことから、ウルシ心材のポリフェノール成分についても、健康補助食品などの薬理活性を活かした利用の可能性が十分にあると考えられる。しかし、日本ではウルシ材は食経験がないことや、健康補助食品や化粧品などへの利用は開発や加工に大きなコストがかかること、加えて利用可能なウルシ材の資源量が限られていることから、現状ではこのような利用を行なうことは難しいと考えられる。

【優れた染色性を活かしたウルシ染め】

ウルシ材を有効利用する試みとして、小規模であるがウルシ材を染料とした織布の染色「ウルシ染め」が行なわれている。ウルシ染めは、ウルシ心材には黄色いポリフェノール成分が含まれること、ポリフェノール成分には優れた染色性があることを活かした有効な利用法であり、現在は石川県の新谷氏によってウルシ染の作品制作・販売が行なわれている（口絵ⅵ参照）。新谷氏は様々な植物染料を用いている草木染めの専門家であり、専門家の目から見ても、ウルシ材は植物染料として発色や耐光性が優れていると高く評価している(次頁のコラムを参照)。ウルシ材による織布の染色に関しては、基本的な手順や繊維による染色性や発色の違いなどについて、『生活工芸双書 漆1』で述べているので参照いただきたい[7]。

【ウルシ材染色布の抗菌性】

樹木のポリフェノール成分には、抗菌性や抗ウイルス性を有するものが知られている。ウルシ心材のポリフェノール成分について、食中毒などの原因となる黄色ブドウ球菌と大腸菌に対する抗菌性を、日本工業規格「繊維製品の抗菌性試験方法および抗菌効果」に基づいて試験した結果、黄色ブドウ球菌に対する抗菌性が見出された[2]。ウルシ材で染色した織布にも抗菌性が期待されたため、同様に抗菌試験を行なった。未染色の綿布では、対照区(布もない状態)と同様に菌が増殖したが、ウルシ材で染色した綿布と染色・銅媒染を行なった綿布の両方で、顕著に菌の増殖を抑えられることが分った[3](表)。また、抗菌効果の指標となる殺菌活性値を算出したところ、ウルシ材染色もしくは染色銅媒染した綿布の値はいずれも0以上となり、黄色ブドウ球菌および大腸菌に対し明確な抗菌性があると評価された。ウルシ材による染色布は、草木染めによる染色布の中でも優れた発色性や耐光性があるなどのメリットを有しているが、抗菌性などの有用な機能を明らかにすることで、さらに付加価値を与えることができると考えられる。

（橋田　光）

ウルシ心材ポリフェノール成分(70%アセトン水抽出物)の抗菌試験結果

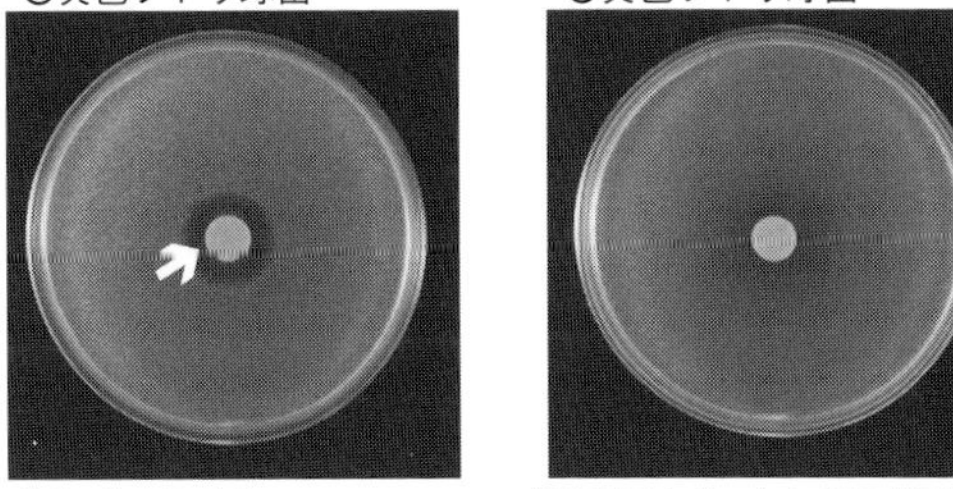

黄色ブドウ球菌においてハロー(増殖阻止帯、白矢印の箇所)を確認

表　ウルシ心材で染色した綿布の抗菌性試験結果
(JIS L 1902, 10.1 に基づいた抗菌力試験結果)

		黄色ブドウ球菌		大腸菌	
		試験体あたりの生菌数	殺菌活性値	試験体あたりの生菌数	殺菌活性値
菌接種直後	対照区	2.3×10^4	―	6.7×10^3	―
18時間培養後	対照区	1.3×10^7	―	1.3×10^7	―
	未染色綿布	1.5×10^7	-2.8	1.3×10^7	-3.3
	ウルシ材染色綿布	47	2.8	<20	>2.5
	ウルシ材染色・銅媒染綿布	50	2.8	<20	>2.5

ウルシ染め——私がウルシ材で染める理由

◆ウルシ染料 ——従来の草木染めにない耐光堅牢度

私は石川県能登半島の中央部、富山湾を望む側にある穴水町に暮らし、草木染めに係わって30数年になる。これまでに約30種類の植物の染色データを取って、色褪せしにくい植物を選び、草木染めにした製品を「新谷工芸・能登草木の染め研究室」として制作してきた。

数年前に、ウルシ染めの話題が新聞に掲載されていたが、そのときにはウルシ染めをしたいとは思わなかった。私が漆にかぶれる体質だったからでもある。

その後、知人から「ウルシの染料は伐採後3年ほど経った廃材を使用するので、かぶれないから試して欲しい」といわれ、試験的に染色データをとることになった。

植物染料の多くはpH7～8程度の地下水を使うと染まりやすい。「ものは試し」と思い、pH7の水道水を使ってウルシ材から染め液を抽出し、絹布と綿布に染めてみた。水道水（水質基準はpH5.6～8.6）である。水道水を使っての、このウルシ材抽出液の発色の良さ、これには正直驚いた。

その染色布を石川県工業試験場で調べてもらったところ、絹布、綿布両方ともに、多くの色が耐光堅牢度試験3級～3級以上という、草木染めとしては珍しい結果だった。

耐光堅牢度というのは、染色した布は日光などの光によって褪色するものだが、これに対してどれだけの耐性を持っているかを表したもので、日本工業規格で試験・評価方法が定められている（褪色耐性を8級までのランクに分けて評価する。8級がもっとも耐性が強い）。草木染めでもおなじみのヤシャブシで、黒に染めた布の評価で5級が出たことがあるが、概して草木染めの耐光堅牢度は3級以下の評価になることが多い。いきなりウルシ材抽出液の染色布が3級以上の評価を得たのである（表）。

表　天然染料の耐光堅牢度について

よく使われる植物染料の染色結果

天然染料	部位	布	酢酸アルミ	酢酸銅	木酢酸鉄液
タマネギ	外皮	絹	△3級未満	○3級	○3級
		綿	△3級未満	△3級未満	△3級未満
コガネバナ	根	絹	○3級	○3級	○3級
		綿	×3級未満	×3級未満	×3級未満
ウルシ	幹	絹	△渋色は3級	◎3級～3級以上	◎3級～3級以上
		綿	△渋色は3級	○3級	○3級～
アカネ	根	絹	△染め重ねが必要	○3級	○3級
		綿	△染め重ねが必要	△染め重ねが必要	△染め重ねが必要
ラックダイ	虫	絹	△3級未満	○3級	◎3級～
		綿	△3級未満	×3級未満	○3級未満
ヤシャブシ	実	絹	△3級未満	○3級	◎3級～５級
		綿	×3級未満	△3級未満	○3級

×は染まらない　△は染まるが弱い　○は堅牢度が良い　◎は堅牢度がとても良い

- 新谷工芸における基本工程（絹は媒染＋染＋媒染＋染、木綿はこれに「後媒染」が加わる）の結果を表にした。染め重ねで改善される場合もある
- 繊維の状態や染料濃度、染色時間、媒染濃度など染色条件によって結果は変わる
- 天然染料の耐光堅牢度を比較。ウルシ染めは光による褪色に比較的強いことが分る

染色用に使用した心材が黄色いウルシ廃材

試験に使ったウルシ材のチップ

◆良質な天然染料

正直なところ、天然染料を使って色を染めるには手間がかかる。また、染めても色褪せしやすいものが多いのも特徴である。

その中でウルシ染めは、絹布にも綿布にも、銅媒染と鉄媒染によって耐光堅牢度が高い黄土色や赤褐色、渋緑色などを、誰でも、家庭の水道水を使って、染めることができる。これは非常にありがたいことだった。

また、酸性水、中性水、アルカリ水による抽出液を使うことによって、堅牢な色数を増やすこともできた。ウルシ染め液は『多彩な色を表現できるとても良質な天然染料』といえる。

◆新しい色を探す

しかし、ウルシ染めにも欠点はある。例えば、絹に染めたアルミ媒染の黄色は鮮やかだが、耐光堅牢度が低い（口絵viii色見本①参照。以下同じ）。そこで黄色を下色として染めておき、その上に鉄媒染を用いてウルシ液を重ねて染めると、黄色味を含むグリーンや抹茶色になり、耐光堅牢度は高くなる（口絵viii色見本②）。

一方、ウルシ染めのチタン媒染は、赤みのベージュ色になるが、これも堅牢度が低いので（口絵viii色見本③）、その上に銅媒染でウルシ液を染め重ねると、明るい金茶色から赤茶色に染まり耐光堅牢度は高くなる（口絵viii色見本④）。

これらの色は基本の染色方法では染まらない。染め液の抽出の手順を次頁の図1に、また染め方を図2に示したので参考にしていただきたい。こうした工程を重ねた色は、「手間を惜しまず時間を掛けた人だけが手に入れることができる色」だと言える。

◆多彩で多様な表現へ

工房ではウルシ染料を使ったロウケツ染めや絞りの作品を創っている。ウルシ液を単独で染めてもよいが、他の植物液（アカネ、ヤシャブシなど）と混合することや、ウルシ液を重ねることによって更に新しい色に染められる（口絵viii色見本⑤⑥）。

またウルシ科のヌルデから採取されるゴバイシ染料（口絵viii色見本⑦）と共にウルシを染め重ねることで、耐光性と耐摩擦性も向上させることができる（口絵viii色見本⑧）。そして、草木染めのロウケツ技法や

図1　ウルシ染め液を抽出する

◆ウルシ染め液抽出の手順（新谷工芸で行なっている基本的な方法）

ウルシ材
⬇
心材をチップ加工
⬇
抽　出
⬇
加　熱　80℃以上で30分間
⬇
4回抽出
⬇
染　液

◎伐採後3年経過した材を使用
・かぶれる漆液が出ないことを確認する
・丸太の外皮をナタなどで取り除く
・木材シュレッダーや木工旋盤などで細かくする
・黄色い心材だけを使うと良い

◎繊維１ｇに対してチップ１ｇを使用の目途にする
（例）チップ200ｇに水4000cc程度～

・pH７（中性水） ・pH４（酢酸添加） ・pH９（炭酸ナトリウム添加）	◎ウルシ染めの特徴 ・3種類の水で抽出できる ・多彩な色あいを染める

・常温から加熱し水が減ったら追加して4ℓ抽出
・チップを布袋に入れても良いし布濾しをしても良い
・同じチップを使い新たな水で抽出
・同じように合計4回抽出（４～８回程可能）
・4000ccを4回抽出→液を合計して16ℓ

図2　ウルシ染めの方法（加熱浸染め）新谷工芸で行なっている方法

白い絹布
または
白い綿布
⬇ 水洗い
①媒染1回目　常温で20分間
⬇ 水洗い
②染め1回目　80℃以上で30分間
⬇ 水洗い
③媒染２回目　常温で20分間
⬇ 水洗い
④染め２回目　80℃以上で30分間
⬇ 中性洗剤
乾　燥

・加熱できるステンレスボウルやホウロウ鍋を使用

◎繊維の重さの40～50倍量の水を準備して媒染液にする
・酢酸アルミ（粉末）は絹布の重さの5％（薄色）～（濃色）15％量
・酢酸銅（粉末）は絹布の重さの５％（薄色）～（濃色）15％量
・木酢酸鉄（液体）は絹布の重さの10％（薄色）～（濃色）40％量
※綿布の媒染剤は上記の絹布の各２倍の濃度で使用する

◎染液は繊維の重さの40倍以上の量を使用

①媒染液に布を浸す→常温で20分間
・布を常に上下に動かしてムラなく染める
②ウルシ染め液に布を浸す→常温から布を入れて80℃以上30分間・布を常に上下に動かしてムラなく染める
③媒染液①の残液に布を浸す→常温で20分間
・布を常に上下に動かしてムラなく染める
④ウルシ染め液②の残液に布を浸す→常温から布を入れて80℃以上30分間・布を常に上下に動かしてムラなく染める

◎①～④を基本の染め方として、染める色の濃度は染め液の濃度と染め重ねの回数で変える
・木綿は④の後に残液で、媒染を重ねると発色することが多い
・最後は中性洗剤で洗って水ですすぎ洗い
・陰干しで乾燥し暗所で保存、蛍光灯や直射日光は不可
・脱水機とアイロンは使用可、乾燥機は使用不可

型染技法に使用する染料として、浸し染めだけでなく刷毛を使った引き染めによる作品づくりでも、実用性が高く多様な表現の可能性が広がってきた。

ウルシの廃材を工房に持ち込みナタで割り、心材を削って美しい黄色のチップを作る。ウルシという植物染料と巡り合えたことを、今は心から喜んでいる。

（新谷　茂）

おわりに

私たちの生活の中でウルシを見ることはほとんどないが、漆の利用は9000年前の縄文時代に遡ると考えられる。漆は食器（漆器）に見られる塗料の他に、破損した土器の接着、石器の膠着剤および櫛の塑形剤として利用されている。また、現在では国宝・重要文化財建造物の保存・修復や漆器の製作などに使われ、日本人の生活に不可欠な材料として利用され続けている。

現在の漆生産量は、バブル期を経て、高度経済成長期の16分の1にまで減っている。生業としてウルシを育て、漆液を採取する生産者は、暮らしが成り立ちにくい状況となっている。

こうしたなか文化庁は、2015年に国宝・重要文化財建造物の保存・修復には、原則として国産漆を使うことを通知し、また国宝・重要文化財建造物の保存・修復のためには、年間平均2.2tの漆が必要とされるとの調査結果を発表した。これを受けて近年、漆の生産を増やす機運が高まっている。

一方、国産漆の増産に向けてわれわれの研究グループは、2010～2012年度新たな農林水産政策を推進する実用技術開発事業（「課題名：地域活性化を目指した国産ウルシの持続的管理・生産技術の開発」）、2014～2017年度JSPS科研費（「課題名：漆生成メカニズムに基づく高品質漆の開発」）、および2016～2018年度農林水産業・食品産業科学技術研究推進事業（現、イノベーション創出強化研究推進事業「課題名：日本の漆文化を継承する国産漆の増産、改質・利用技術の開発」）を実施し、得られた一部を森林学会誌やその特集号「国産漆の使用100％化に向けてどう対応すべきか？」での研究成果、また木材学会誌の研究成果などとして発表した。本書はそれらを分りやすくまとめたものである。ウルシ林の造成・管理、漆およびウルシの利用に応えたいとするのが本書の目的である。

本研究を遂行するにあたり、実用技術開発事業、科研費および農林水産業・食品産業科学技術研究推進事業の共同研究者の皆様、研究成果の発表に関わった共同研究者の皆様をはじめ、林野庁元薪炭工芸特産係長・山下広氏、岩手県二戸市浄法寺総合支所漆産業課長・姉帯敏美氏、同元副主幹・立花幸博氏、輪島市産業部漆器振興産業室長・細川英邦氏、ＮＰＯ法人壱木呂の会理事長・本間幸夫氏、奥久慈漆生産組合長・神長正則氏、奥久慈荻房・富永司氏、J's株式会社代表取締役・中山哲哉氏、ＮＰＯ法人丹波漆理事長・岡本嘉明氏、同理事・山内耕祐氏、彦十蒔絵・若松隆志氏、郷原漆器生産振興会会長・高山雅之氏、同副会長・高月国光氏、竹内工芸研究所代表・竹内義浩氏に多大のご協力・ご支援をいただいた。この場をお借りし感謝申し上げる。

本書を出版するにあたり、快く執筆いただいた皆様にも厚く御礼申し上げる。

本書の基礎になった研究成果は、今後のウルシや漆の研究進展に大きく寄与するものと考えている。今後、関連分野との連携により充実した内容になることを願うと同時に、ウルシや漆の利用がますます拡大することを願いたい。

田端雅進

２０２０年３月

引用・参考文献（執筆項目別）　＊番号を付していないものは参考文献

1章　ウルシの形態と機能

●ウルシの特徴および漆の生産

(1)田端雅進　2013年「ウルシの健全な森を育て、良質な漆を生産する」『森林総合研究所第3 期中期計画成果3育種・生物機能-1 https://www.ffpri.affrc.go.jp/pubs/』森林総合研究所

●樹皮の組織構造

(1)船田　良　2011年a「木材の構造と形成」『木質の形成(第2版) -バイオマス科学への招待-』（福島和彦、船田　良、杉山淳司、高部圭司、梅澤俊明、山本浩之編）15－144.海青社

(2)船田　良　2011年b「伸長成長と肥大成長」『木質の構造』（日本木材学会編）109－123.文永堂

(3)杉山淳司、吉永　新　2011年「広葉樹の細胞と組織」『木質の構造』（日本木材学会編）54－108.文永堂

(4)佐野雄三、内海泰弘　2011年「広葉樹材の組織構造」『木質の形成(第2版) -バイオマス科学への招待-』（福島和彦、船田　良、杉山淳司、高部圭司、梅澤俊明、山本浩之編）59－74.海青社

(5) Angyalossy V, Pace MR, Evert RF, Marcati CR, Oskolski AA, Terrazas T, Kotina E, Lens F, Mazzoni-Viveiros SC, Angeles G, Machado SR, Crivellaro A, Rao KS, Junikka L, Nikolaeva N, Baas P.2016. IAWA list of microscopic bark features. IAWA Journal 37:517-615

(6)高橋憲三　1922年「漆液ノ漆液溝ニ就テ」『林業試験場報告』22:87－105.森林総合研究所

(7)原田盛重　1936年「*Rhus*属樹種の研究(第9報)ヌルデの茎の解剖、殊にその樹脂道に就て」『日本林学会誌』18:557－562.日本林学会

(8)原田盛重　1937年「*Rhus*属樹種の研究(第17報)ツタウルシの茎の解剖、殊にその樹脂道に就て」『日本林学会誌』19:491－496.日本林学会

(9)原田盛重　1938年「日本産*Rhus*属樹種の有する樹脂道の分布並に構造に就て」『九州帝国大学農学部学芸雑誌』8:139-153.九州帝国大学

(10)原田盛重　1942年「漆液収量に関する樹幹組織の定量的研究」『日本林学会誌』24: 207－214.日本林学会

(11) Harada M. 1937. On the distribution and construction of the resin canal in *Rhus succedanea.* Botanical Magazine 51:846-856

(12) Zhao M, Liu C, Zheng G, Wei S, Hu Z. 2013. Comparative studies of bark structure, lacquer yield and urushiol content of cultivated *Toxicodendron vernicifluum* varieties. New Zealand Journal of Botany 51:13-21

(13)船田　良、保坂路人、山岸祐介、塚田健太郎、Md Hasnat Rahman、田端雅進、半　智史　2019年「漆生産量の異なるウルシにおける樹皮の組織構造の解剖学的解析」『日本森林学会誌』101（6）:305－310.日本森林学会

(14)渋井宏美　2019年「外樹皮の構造と形成」『木材工業』74（1）: 2-7.日本木材加工技術協会

(15) Nakaba S, Hirai A, Kudo K, Yamagishi Y, Yamane K, Kuroda K, Nugroho WD, Kitin P, Funada R. 2016. Cavitation of intercellular spaces is critical to establishment of hydraulic properties of compression wood of *Chamaecyparis obtusa* seedlings. Annals of Botany 117:457-463

(16)室瀬和美、田端雅進監修　2018年『地域資源を活かす生活工芸双書　漆 1　漆掻きと漆工　ウルシ利用』農山漁村文化協会

(17)田端雅進　2019年「漆分化の継承と発展を目指した国産漆の使用100%化に向けて」『日本森林学会誌』101（6）:295－297.日本森林学会

(18)塚田健太郎、山岸祐介、鍋嶋絵里、保坂路人、岡田健汰、Md Hasnat Rahman、半　智史、田端雅進、船田　良　2019年「ウルシの未成熟胚を用いた組織培養による植物体再生に関する研究」『木材学会誌』65:125－130.日本木材学会

(19)楠本　大　2004年「針葉樹の樹脂流出はなぜ起こる？」『樹木医学研究』8:65－74

(20)楠本　大、鈴木和夫　2001年「エスレル処理によるヒノキ科樹木の傷害樹脂道形成の誘導」『木材学会誌』47：1－6.日本木材学会

(21) Franceschi VR, Krekling T, Christiansen E. 2002. Application of methyl jasmonate on *Picea abies* (Pinaceae) stems induces defense-related responses in phloem and xylem. American Journal of Botany 89:578–586

(22)山本福壽、佐藤真視子、前田淳一郎　2003年「ヒノキの樹脂道形成におけるジャスモン酸の役割」『樹木医学研究』7:41.樹木医学会

(23) Hudgins JW, Franceschi VR. 2004. Methyl jasmonate-induced ethylene production is responsible for conifer phloem defense responses and reprogramming of stem cambial zone for traumatic resin duct formation. Plant Physiology 135: 2134–2149

(24) Zheng Y, Pan B, Itoh T. 2015. Chemical induction of traumatic gum ducts in Chinese sweetgum, *Liquidambar formosana*. IAWA Journal 36:58–68

(25)山本福壽　2004年「液状樹液分泌促進剤および液状樹液分泌促進方法」（出願人：日本ゼオン

株式会社)特許公開2004-115448（公開日2004.4.15）

2章　ウルシの栽培

●遺伝的多様性・優良系統選抜

(1)臼田秀明　2010年「知は地球を救う３.作物の栽培化から遺伝子組み換え作物まで―豊かさの広汎化と豊かな多様性・地域性の併存を目指して―」『帝京大学文学部教育学科紀要』35.123-180.帝京大学

(2)柴田道夫編　2016年『カラー版　花の品種改良の日本史－匠の技術で進化する日本の花たち』悠書館

(3)森口洋充　2014年「日本の遺伝資源の保存とその課題」『季刊　政策・経営研究』vol.1.49-58.三菱UFJリサーチ＆コンサルティング

（4）Miyamoto, N., Ono, M., Watanabe, A. 2015. Construction of a core collection and evaluation of genetic resources for *Cryptomeria japonica* (Japanese cedar). Journal of Forest Research. 20. 186-196

（5）Christenhusz, M.J.M. & Byhg, J.W. 2016. The number of known plants species in the world and its annual increase. Phytotaxa 261（3）201–217

（6）Nie, Z.-L., Sun, H., Meng, Y. and Wen, J. 2009. Phylogenetic analysis of *Toxicodendron* (Anacardiaceae) and its biogeographic implications on the evolution of north temperate and tropical intercontinental disjunctions. Journal of Systematics and Evolution. 47 (5).416–430

(7)上原敬二　1961年『樹木大図説』(第11刷、1994年)有明書房

(8)磯野直秀　2007年「明治前園芸植物渡来年表」『慶應義塾大学日吉紀要』自然科学.42. 27-58.慶應義塾大学

（9）Noshiro S., Suzuki M., Sasaki Y. 2007. Importance of *Rhus verniciflua* Stokes (lacquer tree) in prehistoric periods in Japan, deduced from identification of its fossil woods. Vegetation History and Archaeobotany. 16. 405-411

(10)鈴木三男、能城修一、田中孝尚、小林和貴、王　勇、劉　建全、鄭　雲飛　2014年「縄文時代のウルシとその起源」『国立歴史民俗博物館研究報告』（第187集）49-71.国立民俗博物館

(11)湊　正雄監修　1978年『［目でみる］日本列島のおいたち古地理図鑑』築地書館

(12)日本第四紀学会編　1987年『日本第四紀地図』東京大学出版会

(13)武田浩嗣、管　裕　2018年「広島県三次地域産漆(ウルシ)に関する地歴考察」『生命環境学術誌』10. 13-23.県立広島大学生命環境学部

(14)池谷祐幸　2017年「遺伝的多様性の解析による植物の自生、外来の識別と保全への応用」『科学研究費助成事業研究成果報告書』文部科学省、日本学術振興会

(15) Hiraoka Y, Hanaoka S, Watanabe A, Kawahara T, Tabata M. 2014. Evaluation of the growth traits of *Toxicodendron vernicifluum* progeny based on their genetic groups assigned using new microsatellite markers. Silvae Genetica 63.267-274

(16)渡辺敦史、田村美帆、泉湧一郎、山口莉未、井城泰一、田端雅進　2019年「DNAマーカーを利用した日本に現存するウルシ林の遺伝的多様性評価」『森林学会誌』101（6）：298-304.日本森林学会

(17)田端雅進　2013年「ウルシの健全な森を育て, 良質な漆を生産する」『森林総合研究所第3期中期計画成果3 育種・生物機能-1 https://www.ffpri.affrc.go.jp/pubs/』森林総合研究所

(18)船田　良、保坂路人、山岸祐介、塚田健太郎、Md Hasnat Rahman、田端雅進、半　智史　2019年「漆生産量の異なるウルシにおける樹皮の組織構造の解剖学的解析」『森林学会誌』101（6）：305-310.日本森林学会

(19)文化庁　2015年「国宝・重要文化財(建造物)保存修理における漆の使用方針について」平成27年2月24日付(26庁財第510号)

(20)ロブ・ダン(高橋洋・訳)　2017年『世界からバナナがなくなるまえに　食糧危機に立ち向かう科学者たち』青土社

(21) Griffin, A.R. 2014. Clones or improved seedlings of *Eucalyptus*? Not a simple choice. International Forestry Review. 16（2）216-224

(22)戸田良吉　1952年「ウルシの品種改良計画-生産力を三倍にしよう」『山林』819. 45-49.大日本山林会

(23)荒井紀子、山本美穂　2011年「農山村地域における伝統技術の継承に関する研究 －栃木県那珂川町の漆掻き職人を対象として－」『宇都宮大学農学部演習林報告』（47）41-56.宇都宮大学

●ウルシ林造成のための苗の育成

(1)伊藤清三　1979年『日本の漆』東京文庫出版部

(2)田端雅進　2013年「ウルシの健全な森を育て、良質な漆を生産する」『森林総合研究所第3 期中期計画成果3育種・生物機能-1 https://www.ffpri.affrc.go.jp/pubs/』森林総合研究所

●ウルシの植栽適地

(1)文化庁　2015年「国宝・重要文化財(建造物)修理における漆の使用方針について」平成27年2月

24日付（26庁財第510号）

（2）林野庁　『2019年 特用林産物生産統計調査 確報特用林産基礎資料（https://www.estat.go.jp/stat-search/database?page=1&layout=dataset&stat_infid=000031532944&statdisp_id=0003287589 (参照 2019-12-28)』林野庁

（3）農林水産省　2018年『平成29年度食料・農業・農村の動向』農林水産省
（http://www.maff.go.jp/j/wpaper/w_maff/h29/）（参照 2018-12-28）

（4）伊藤清三　1949年『うるし―漆樹と漆液』農林週報社

（5）伊藤清三　1979年『日本の漆』東京文庫出版部

（6）倉田益二郎　1949年『特用樹種』朝倉書店

（7）倉田益二郎　1951年『特用樹の有利な栽培法』博友社

（8）片山佐又　1952年「技術・経営」『特殊林産』朝倉書店

（9）小野陽太郎、伊藤清二　1975年『キリ・ウルシ―つくり方と利用』農山漁村文化協会

（10）高野徳明　1982年『漆の木―苗木づくり 植栽 撫育管理 かき取り作業―』岩手県林業改良普及協会

（11）千葉春美　1984年『ウルシ樹の造成とかきとりの手引』日本文化財漆協会

（12）岩村良男　1988年「薬用等原木林育成技術に関する研究」『青森県林業試験場報告』38: 56-86. 青森県林業試験場

（13）田端雅進　2013年「漆―ウルシの健全な森を育て、良質な漆を生産する」『森林総合研究所第３期中期計画成果３育種・生物機能-1 https://www.ffpri.affrc.go.jp/pubs/』森林総合研究所

（14）徳島県農林水産部林業課　2017年『うるしの木―栽培のすすめ―』徳島県
http://www.pref.tokushima.jp/_files/00099257/urusinokisaibainosusume.pdf（参照2018-12-28）

（15）小野賢二、平井敬三、田端雅進、小谷二郎、中村人史　2019年「ウルシ植栽適地の土壌特性」『日本森林学会誌』101（6）:311-317.日本森林学会

（16）土じょう部　1976年「林野土壌の分類1975」『 林業試験場研究報告』280: 1-28.林業試験場

（17）森泉昭治　1998年「土壌の物理性」『農作業研究』33:221-226.日本農作業学会

・宮本真希子、角田　新　2008年『「国宝」を創った男六角紫水展』82-111. 広島県立美術館

・日本造園学会　2000年「緑化事業における植栽基盤整備マニュアル」『ランドスケープ研究』63:224-241.日本造園学会

・Noshiro S, Suzuki M, Sasaki Y．2007．Importance of *Rhus verniciflura* Stokes（lacquer tree）in prehistoric periods in Japan, deduced from identification of its fossil woods.Veget Hist Archaeobot 16:405-411

・農林水産省　2015年『平成27年特用林産基礎資料（http://www.maff.go.jp/j/tokei/kouhyou/tokuyo_rinsan/ (参照 2018-12-28)）』農林水産省

・田中功二、飯田昭光、土屋　彗、小岩俊行、松本則行、中村弘一、高田守男、平井敬三、平岡裕一郎、田端雅進　2018年「植栽適地の評価に向けたウルシの成長への立地環境および林分状況の影響の解明」『日本森林学会誌(略記：日林誌)』99:136-139.日本森林学会

●植栽管理

(1)田端雅進　2013年「漆―ウルシの健全な森を育て、良質な漆を生産する」『森林総合研究所第３期中期計画成果３育種・生物機能-1 https://www.ffpri.affrc.go.jp/pubs/』森林総合研究所

(2)伊藤清三　1979年『日本の漆』東京文庫出版部

(3)泉　憲裕　2005年「岩手県におけるウルシの生長経過」『第10回東北森林科学会大会講演要旨集』77.東北森林科学会

(4)岩村良男　1988年「薬用等原木林育成技術に関する研究」『青森県林試報告』38：56-86.青森県林業試験場

(5)渡部正明、青野　茂　1988年「薬用等原木林育成技術」『福島県林試研報』21：108-113.福島県林業試験場

(6)樋口修平　1908年「漆液採集試験第二回報告」『林業試験報告』5：145-164.森林総合研究所

(7)野崎伸三、尾石元興　1939年「漆液採取試験」『朝鮮総督府林業試験場報告』30.朝鮮総督府林業試験場

(8)高野徳明　1982年『漆の木』126pp.岩手県林業改良普及協会

(9)田中功二、飯田昭光、土屋　慧、小岩俊行、松本則行、中村弘一、高田守男、平井敬三、平岡裕一郎、田端雅進　2017年「植栽適地の評価に向けたウルシの成長への立地環境および林分状況の影響の解明」『日本森林学会誌』99(3):136-139.日本森林学会

(10) Akaike,H..1973.Information theory and an extension of the maximum likelihood principle. In 2nd. International Symposium on Information Theory (B.N.Petorov and F.Csáki Eds.), 267-281, Akadémia Kiado, Budapest.

●萌芽更新

(1)伊藤清三　1979年『日本の漆』東京文庫出版部

(2)高野徳明　1982年『漆の木－苗木づくり・植栽・撫育管理・かき取り作業－』126pp.岩手県林業改良普及協会

(3)田端雅進　2013年「ウルシの健全な森を育て，良質な漆を生産する」『森林総合研究所第3期中期計画成果3 育種・生物機能-1 http://www.ffpri.affrc.go.jp/pubs/』森林総合研究所

(4)小谷二郎　2016年「萌芽更新によるウルシ林の再生」『石川県農林水産研究成果集報』19：13.石川県農林水産技術会議

(5)橋詰隼人　1994年「主要広葉樹林の育成」『現代の林学⑩ 造林学』（堤 利夫編）103-179.文永堂出版

(6)小谷二郎、池田虎三、田端雅進　2016年「ウルシの萌芽の発生パターン」『第６回中部森林学会大会プログラム・講演要旨集』13.中部森林学会

(7)和田 覚、長谷川幹夫　2014年「樹木の萌芽力」『広葉樹の森づくり』244-247.日本林業調査会

(8)田端雅進、小谷二郎、石井智朗、井城泰一、白幡 学　2019年「本数調整と胴枯病がウルシ萌芽木の成長に及ぼす影響」『日本森林学会誌』101（6）：322-327.日本森林学会

(9) Ando Y, Masuya H, Aikawa T, Ichihara Y, Tabata M. 2017. *Diaporthe toxicodendri* sp. nov., a causal fungus of the canker disease on *Toxicodendron vernicifluum* in Japan. Mycosphere 8:1157 ～ 1168

●病・獣害管理

病害

【白紋羽病】

(1)岸　國平編　1998年『日本植物病害大事典』pp179–180.全国農村教育協会

(2)渡辺文吉郎　1963年「白紋羽病菌の生態ならびに防除に関する研究」『農林省指定試験(病害虫)』3.農林水産技術会議事務局・茨城県農業試験場

(3) Sztejnberg A. 1980. Host range of *Dematophora necatrix*, the cause of white root rot disease in fruit trees.Plant Dis 64:662–664.

(4)伊藤進一郎、中村宣子　1984年「小石川樹木実験圃場における白紋羽病の被害と発生環境」『日本森林学会誌(略記：日林誌)』66:262–267.日本森林学会

(5)日本植物病理学会編　2004年『 日本植物病名目録』日本植物防疫協会

(6) Takemoto S, Nakamura H, Tabata M,Sasaki A,Ichihara Y,Aikawa T,Koiwa T (2012) White root rot disease of the lacquer tree *Toxicodendron vernicifluum* caused by *Rosellinia necatrix*. J Gen Plant Pathol 78:77–79.

(7) Takemoto S, Nakamura H, Tabata M. 2013. The importance of wild plant species as potential inoculum reservoirs of white root rot disease. Forest Pathology, doi: 10.1111/

efp.12069

【胴枯病】

(1) Rehner SA, Uecker FA 1994. Nuclear ribosomal internal transcribed spacer phylogeny and host diversity in the coelomycete *Phomopsis*. Can J Bot 72:1666 ～ 1674

(2) Udayanga D, Liu X, McKenzie EH, Chukeatirote E, Bahkali AH, Hyde KD . 2011. The genus *Phomopsis*: biology, applications, species concepts and names of common phytopathogens. Fungal Divers 50: 189 ～ 225

(3) Gomes RR, Glienke C, Videira SIR, Lombard L, Groenewald JZ, Crous PW .2013.*Diaporthe*: a genus of endophytic, saprobic and plant pathogenic fungi. Persoonia 31:1 ～ 41

(4) Udayanga D, Castlebury LA, Rossman AY, Chukeatirote E, Hyde KD. 2014a. Insights into the genus *Diaporthe*: phylogenetic species delimitation in the *D. eres* species complex. Fungal Divers 67: 203 ～ 229

(5) Udayanga D, Castlebury LA, Rossman AY, Hyde KD. 2014b. Species limits in *Diaporthe*:molecular re-assessment of *D. citri, D. cytosporella, D. foeniculina* and *D. rudis*. Persoonia 32:83 ～ 101

(6) Dissanayake AJ,Phillips AJL, Hyde KD, Yan JY, Li XH.2017.The current status of species in *Diaporthe*. Mycosphere 8:1106 ～ 1156

(7) Udayanga D, Liu X, Crous PW, McKenzie EH, Chukeatirote E, Hyde KD . 2012. A multi-locus phylogenetic evaluation of *Diaporthe* (*Phomopsis*). Fungal Divers 56:157 ～ 171

(8) Kobayashi T.1970. Taxonomic studies of Japanese Diaporthaceae with special reference to their life-histories. Bulletin of the Government Forest Experimental Station Meguro 226:1 ～ 242

(9) Takemoto S, Masuya H, Tabata M . 2014. Endophytic fungal communities in the bark of canker-diseased *Toxicodendron vernicifluum*. Fungal Ecol 7:1 ～ 8

(10) Ando Y, Masuya H, Aikawa T, Ichihara Y, Tabata M. 2017. *Diaporthe toxicodendri* sp. nov., a causal fungus of the canker disease on *Toxicodendron vernicifluum* in Japan. Mycosphere 8:1157 ～ 1168

(11)田端雅進、升屋勇人、安藤裕萌、市原　優、相川拓也　2019年 a「*Diaporthe toxicodendri* によるウルシ胴枯病（新称）の発生」『日本植物病理学会報』85:43.日本植物病理学会

(12)田端雅進、小谷二郎、石井智朗、井城泰一、白旗　学　2019年 b「本数密度と胴枯病がウルシ萌 芽木の成長に及ぼす影響」『日本森林学会誌』101（6）:322-327.日本森林学会

【うどんこ病】

（1）安藤祐萌、升屋勇人、田端雅進　2018年「ウルシの種子生産を阻害するウドンコ病菌の同定とその被害」『東北森林科学会誌』23(2):57-61.東北森林科学会

（2）Braun U, Cook RTA .2012.Taxonomic manual of the Erysiphales (powdery mildews). CBS Biodiversity Series No. 11. CBS-KNAW Fungal Biodiversity Centre,
Utrecht

（3）高松　進　2012年「2012年に発行される新モノグラフにおけるうどんこ病菌分類体系改訂の概説」『三重大学大学院生物資源学研究科紀要』28:1-73.三重大学

（4）Chen ZX, Yao YJ．1991．A new species and new records of three species of powdery mildews (Erysiphaceae) from Wuyishan, Fujian Province, China. Wuyi Science Journal 8: 157-161

【疫病】

（1）Erwin.DC,RibeiroOK.1996.*Phytophthora* diseases worldwide. American Phytopathological Society Press

（2）Jung T, Pérez-Sierra A, Durán A, Jung MH, Balci Y, Scanu B．2018．Canker and decline diseases caused by soil- and airborne Phytophthota species in forests and woodlands. Persoonia 40:182-220

（3）升屋勇人、市原　優、田端雅進、景山幸二　2019年「*Phytophthora cinnamomi* によるウルシ林の衰退　―国産漆の新たなる脅威― 」『日本森林学会誌』101（6）：318-321.日本森林学会

（4）Hardham AR, Blackman LM．2018. *Phytophthora cinnamomi.* Mol Plant Pathol 19:260–285

3章　ウルシ林の経営

（1）田端雅進　2018年「植物としてのウルシ」『生活工芸双書　漆1 漆掻きと漆工　ウルシ利用』（室瀬和美、田端雅進監修）10-18.農山漁村文化協会

（2）高田和徳　2018年「ウルシの果実の利用：ウルシ蝋」『生活工芸双書漆1 漆掻きと漆工　ウルシ利用』（室瀬和美、田端雅進監修）114-124.農山漁村文化協会

（3）林　雅秀　2019年「岩手県北部地方の農家がウルシ植栽を選択した要因：収益性に着目して」『日本森林学会誌』101(6):328-336.日本森林学会

（4）田端雅進　2013年「ウルシの健全な森を育て, 良質な漆を生産する」『森林総合研究所第3期中期計画成果3 育種・生物機能-1 http://www.ffpri.affrc.go.jp/pubs/』.森林総合研究所

・小野賢二、平井敬三、田端雅進、小谷二郎、中村人史　2019年「ウルシ植栽適地の土壌特性」『日本森林学会誌』101(6): 311-317.日本森林学会

4章　漆の利用

●漆の特性

(1)宮腰哲雄、永瀬喜助、吉田　考　2000年「漆化学の進歩」株式会社アイピーシー
(2)木下稔夫　2017年「漆の熱硬化特性とその応用技術」『塗装工学』52(9).日本塗装技術協会
(3)岩手県立博物館　2010年『いわての漆』財団法人岩手県文化振興事業団
(4)室瀬和美　2002年「漆の文化」角川学芸出版
(5)千葉市立郷土博物館　2012年『漆：その歴史と文化(平成24年度特別展)』千葉市立郷土博物館
・大藪　泰、阿佐見徹、山本 修、田嶋秀起　1992年「3本ロールミルによる新精漆法」『色材協会誌』65（6）.色材協会
・宮腰哲雄　2016年『漆学』（明治大学リバティブックス）明治大学出版会

●未利用漆の利用

(1)漆工史学会編　2012年『漆工辞典』（明治大学リバティブックス）角川学芸出版
(2)室瀬和美、田端雅進監修　2018年「ウルシ材の利用」『生活工芸双書 漆１』107-113.農山漁村文化協会
(3)木下稔夫　1998年「伝統的焼き付け漆技法の研究」『保存科学』37：37-43. 国立文化財機構東京文化財研究所

●コラム　木粉と漆の利用

(1)木下稔夫、上野博志、村田宏明　1998年「漆の木における水・樹液の流れに関する一考察」『漆文化』No.84,7-13.日本文化財漆協会
(2)中里壽克　1998年．伝統的焼付漆技法の研究―文献に見る焼付漆及びその研究の歴史―.『保存科学』37：46-58.国立文化財機構東京文化財研究所
(3)木下稔夫、上野博志、中里壽克、宮田聖子　1998年「伝統的焼付漆技法の研究-漆の焼き付け(高温硬化)に関する研究(1）-」『保存科学』37：34-45.国立文化財機構東京文化財研究所
(4)小林正信　2007年「岩手県産漆の焼付塗装強度」『岩手県工業技術センター研究報告』第14号.99.岩手県工業技術センター

・木下稔夫、田嶋秀起、上野博志、瓦田研介　2005年（公開）「漆および植物繊維を用いた成形用材料、前記成形用材料を用いて得られる漆／植物繊維成形体」（特許3779290）

・木下稔夫、神谷嘉美、上野博志、荒川博史、中山哲哉　2013年（公開）「成形用材料及びその製造方法並びに該成形用材料を用いた圧縮成形体」（特許6140607）

・木下稔夫、村井まどか、清水研一、荒川博史、中山哲哉　2013年（公開）「成形体の製造方法」（特許6080762）

・木下稔夫　2017年「漆と間伐材の木粉を混成した成形材料」『表面科学』Vol38．No.5．244-246．日本表面科学会

●コラム　セルロースナノファイバー含有漆の開発と応用

・宇山浩監修　2018年「セルロースナノファイバー製造・利用の最新動向」『新材料・新素材シリーズ』.シーエムシー出版

・礒貝　明　2009年「TEMPO 酸化セルロースナノファイバー」『高分子』（特集 水と高分子）58（2）：90 －91.高分子学会

・日本製紙編　2019年「セルロースナノファイバー（CNF）」『cellenpia のカタログ』.日本製紙

・Xian-qing Xiong, Yu-liang Bao, Hui Liu, Qingqing Zhu, Rong Lu, Tetsuo Miyakoshi．2019．Study on mechanical and electrical properties of cellulose nanofibrils/graphene-modified natural rubber, Materials Chemistry and Physics, 223 ,535–541.

・Rong Lu, Tetsuo Miyakoshi．2015．Lacquer Chemistry and Applications．Elsevier.

・宮腰哲雄、陸　榕、石村敬久、本多貴之　2010年「グリーンポリマー漆の化学と工業塗装への応用」『ネットワークポリマー』Vol. 31（No.5）224-232.合成樹脂工業協会

・Rong Lu, Mitsunori Ono, Shuichi Suzuki, Tetsuo Miyakoshi．2006．Studies on a newly designed natural lacquer, Materials Chemistry and Physics, 100, 158-161.

・宮腰哲雄　2018年「漆の精製」『地域資源を活かす生活工芸双書 漆 1　漆掻きと漆工 ウルシ利用』132 ～ 135.農山漁村文化協会

5章　材としてのウルシの特性と利用

●ウルシ材の特性と利用

(1)平井信二　1996年『木の雄、有賀康弘、小田島勇　2000年「ウルシ材の利用活用」『岩手県工業技術センター研究報告』7：29－32.岩手県工業技術センター

(2)浪崎安治、高橋民雄、有賀康弘、小田島勇　2000年「ウルシ材の利用活用」『岩手県工業技術セ

ンター研究報告』7：29－32

(3)能城修一、佐々木由香　2014年「現生のウルシの成長解析からみた下宅部遺跡におけるウルシとクリの資源管理」『国立歴史民俗博物館研究報告』187：189-203.国立歴史民俗博物館

(4)室瀬和美、田端雅進監修　2018年「ウルシ材の利用」『生活工芸双書 漆１』107-113.農山漁村文化協会

(5)橋田　光、田端雅進、久保島吉貴、牧野　礼、久保智史、片岡　厚、外崎真理雄、大原誠資　2014年「ウルシ材の織布への染色特性」『木材学会誌』60：160-168.日本木材学会

(6)久保島吉貴、外崎真理雄、橋田　光、田端雅進　印刷中「ウルシ材の材料特性」『木材工業』75.日本木材加工技術協会

(7)森林総合研究所監修　2004年『木材工業ハンドブック』（改訂４版）192-195、丸善.

(8)浪崎安治、有賀康弘、高橋民雄、小田島勇、岩舘　隆　2001年「ウルシ材の利用活用」『岩手県工業技術センター研究報告』8：119-122.岩手県工業技術センター

●ウルシ材の化学成分

(1)森林総合研究所監修　2004年「2.5.1木材の化学組成」『木材工業ハンドブック』（改訂４版）138-147.丸善

(2)橋田　光、田端雅進、久保島吉貴、牧野　礼、外崎真理雄　2012年「ウルシ材の抽出成分」『日本森林学会学術講演集』123:M08.日本森林学会

(3)橋田　光、田端雅進、久保島吉貴、牧野　礼、久保智史、片岡　厚、外崎真理雄、大原誠資　2014年「ウルシ材の織布への染色特性」『木材学会誌』60:160-168.日本木材学会

(4) Hashida K, Tabata M, Kuroda K, Otsuka Y, Kubo S, Makino R, Kubojima Y, Tonosaki M, Ohara S. 2014. Phenolic extractives in the trunk of *Toxicodendron vernicifluum*: chemical characteristics, contents and radial distribution. J. Wood Sci. 60:160–168.

(5) Lee JC, Lim KT, Jang YS. 2002. Identification of *Rhus verniciflua* Stokes compounds that exhibit free radical scavenging and anti-apoptotic properties. Biochim. Biophys. Acta. 1570:181-191.

(6) Park KY, Jung GO, Lee KT, Choi J, Choi MY, Kim GT, Jung HJ, Park HJ. 2004. Antimutagenic activity of flavonoids from the heartwood of *Rhus verniciflua*. J. Ethnopharmacol. 90:73-79.

(7)室瀬和美, 田端雅進監修　2018年「ウルシ材の利用」『生活工芸双書 漆１』107-113.農山漁村文化協会

●コラム　ウルシ染め――私がウルシ材で染める理由

・橋田　光、田端雅進、久保島吉貴、牧野　礼、久保智史、片岡　厚、外崎真理雄、大原誠資　2014年「ウルシ材の織布への染色特性」『木材学会誌』60:160-168.日本木材学会

≪監修者紹介≫

田端雅進（たばた　まさのぶ）国立研究開発法人森林研究・整備機構森林総合研究所東北支所

橋田　光（はしだ　こう）国立研究開発法人森林研究・整備機構森林総合研究所森林資源化学研究領域

≪執筆者紹介≫

船田　良（ふなだ　りょう）東京農工大学農学部環境資源科学科

渡辺敦史（わたなべ　あつし）九州大学農学部 生物資源環境学科

小野賢二（おの　けんじ）国立研究開発法人森林研究・整備機構森林総合研究所東北支所

田中功二（たなか　こうじ）地方独立行政法人青森県産業技術センター林業研究所森林環境部

小谷二郎（こだに　じろう）石川県農林水産部農林総合研究センター林業試験場森林環境部

升屋勇人（ますや　はやと）国立研究開発法人森林研究・整備機構森林総合研究所きのこ・森林微生物研究領域

岡　輝樹（おか　てるき）国立研究開発法人森林研究・整備機構森林総合研究所野生動物研究領域

林　雅秀（はやし　まさひで）山形大学農学部森林科学コース

本多貴之（ほんだ　たかゆき）明治大学理工学部応用化学科

木下稔夫（きのした　としお）地方独立行政法人東京都立産業技術研究センター開発本部

宮腰哲雄（みやこし　てつお）明治大学研究知財戦略機構

石井　昭（いしい　あきら）漆芸家

山田千里（やまだ　ちさと）明治大学研究知財戦略機構

久保島吉貴（くぼじま　よしたか）国立研究開発法人森林研究・整備機構森林総合研究所木材加工・特性研究領域

新谷　茂（しんたに　しげる）新谷工芸・能登草木の染め研究室

≪漆（ウルシ）の啓蒙と普及のために≫

「漆サミット」

2010年に漆サミット実行委員会主催で始まる。2020年には12回を迎える。漆に関する情報交換やウルシに関わる人々の相互理解、協働作業を通して漆産業と技術・文化の継承と発展を図ることを目的にしている。これまで、明治大学のほか、岩手県二戸市浄法寺町、石川県輪島市、京都市、鎌倉市、盛岡市、弘前市などで開催されている。

「日本漆アカデミー」

漆サミットに参加した人々によって、漆に関わるネットワークの形成や諸機関などとの連携・強化をめざして、漆サミット、講演会、ワークショップ、見学会などを通じて、漆に関わる知識の普及啓発や相互交流を行なう母体として、2013年3月に発足した。

漆サミット、講演会、ワークショップ、見学会などを主催するほかに、日本語及び英語でのホームページなどによる情報発信も行なっていく予定。

●漆サミット・日本漆アカデミーの公式ホームページ：http://urushisummit.jp/

＊日本漆アカデミーでは、漆に関わる関係者だけでなく、一般の方にも漆サミットを含む日本漆アカデミーの行事に参加いただき、国宝や重要文化財建造物の保存・修復に使われる漆のすばらしさを感じていただきたいと考えています。